纤维艺术：
美式挂毯编织设计·制作

[英] 瑞秋·邓宝 / 著
苏莹 / 译

中国纺织出版社

纤维艺术：

美式挂毯编织设计·制作

前言

如果说你我之间存在任何共同点的话，那一定是我们都会自然而然地被那些背后隐藏着故事的物品所吸引。每一种线材和每一种配色仿佛都在描绘着制作者的一双双巧手，记录着特定时刻的难忘场景；人们总会在作品中注入自己的想法和理念，尽管有时创作的初衷仅仅是为了呈现一份美好而已。

历史上，手工编织品所采用的图案和色彩往往体现着当地的人文风俗和特有材料。这点在我的第一次编织经历中便充分体现出来。那时，我还是个四年级的小女孩，热切期待着用自己制作的锅垫来换取一枚荣誉勋章。利用廉价的布条和一架塑料织布机，我只用30分钟便完成了一块歪歪扭扭的方形织片，然而这款锅垫对我而言意义非凡。它是我人生中一块成长的里程碑。我完全不在意这块锅垫是否拥有平直的边线，也不关心小组的其他成员是否喜欢我的设计，我只是享受着亲手将一堆布条转变成一件作品的乐趣。

现在作为一名拥有多年创作经验的成年女性，我依然痴迷于不断探索如何将各式线材制作成美观而实用的时尚作品。我曾经将回收再利用的布单设计成为独一无二的地毯，用五彩化纤绳材为旧椅子赋予新的生命，利用一款款新颖的挂毯为房间的墙壁增添丰富的色彩与质感。编织不仅成为我实践创意的有趣途径，更成为我摆脱烦劳、静心安神的便捷方法。每当我的双手忙碌起来，我反而会感到生活节奏慢了下来，腾挪出一片静谧的空间，用来直面自我，也用来与所有坐在织布机前享受织布乐趣的同好们分享交流。

鉴于越来越多创意十足的新生代开始利用全新的流行配色和审美眼光来钻研这门古老的手工艺，我非常乐于织布机编织艺术的基本技法。本书详细介绍了三种低成本自制织布机的方法，以及不同编织作品需要用到的原材料。我还将在书中分享草图的设计和配色过程，以及如何避免出现可怕的沙漏形状。另外，我还会展示一系列在探索个性化编织风格的过程中将会用到的技巧。

本书将以作品为基点，通过多款简单挂毯帮助零基础的爱好者一步步了解织布的基本流程和方法。随后每款新作品均会教授新的编织步骤和技法。只需带上自己的热情（和一些耐心），便可亲手制作出真正想要悬挂在自家墙上展示的作品！如果你是早已熟练掌控经纬线的老手，希望本书能够给予你更多灵感，帮助你找到更适合自己的创作空间，不断推陈出新。无论灵感源自哪里，可能是一件刺绣作品，或是一条拼布被，也可能是直接借鉴了某个家装博客里的全新配色，总之，拓展创意的机会无处不在！

学习这种新技艺的主要益处在于，你将从此融入一个人数正在不断增长的新集体，这里的成员早已竖起自己的织布机，一边享受织布的乐趣，一边不断提升自己的织布技艺。目前已有许多才华横溢的布艺设计师通过自己的社交媒体平台和他们开设在世界各地的工作室与大家分享自己的专业知识并给予大家支持与鼓励。现在，我们的目标可远不止制作一个锅垫那么简单了，在这场织布创作的旅程中能够与诸位同行，我感到无比激动与自豪！

瑞秋·邓宝

目录

材料与工具

由于入门时无须繁多的工具与材料，织布机编织成为一种非常便于大众学习的手工艺门类。我的第一件编织挂毯就是在一个钉上两排钉子的废旧橱柜抽屉背面制作出来的。利用从二手商店里淘来的便宜线材和我的一双手就可以编织出了我的作品。当我意识到自己找到了全新的兴趣爱好时，便开始认真学习可用于织布的工具与材料，逐步掌握进一步提升技艺所需的设备和线材。本章将简要介绍我们在畅享织布旅程中可能会用到的各类织布机、线材和工具。

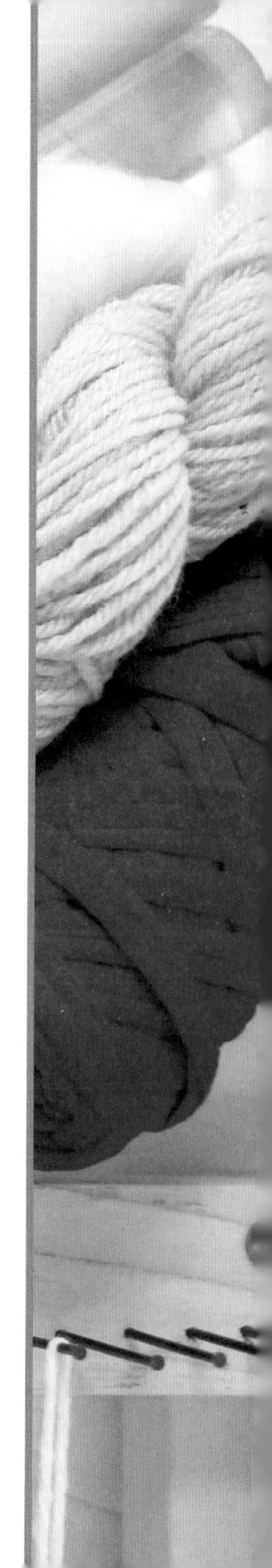

简易织布机

本书中的所有作品将分别用到如下3种织布机：硬纸板织布机、便携式框架织布机和超大号立式框架织布机。以上均为最简易的织布机类型，但却足以制作出平织挂毯、质地千变万化的挂毯，以及各类实用小物，如枕套、手包或地毯。

最简易的织布机可分为由一整块厚纸板构成的实心织布机，或中心带有镂空的框架织布机，后者便于从织品反面进行操作。部分框架织布机在顶框和底框上装有用于固定经纱（用作织布基底的线材）的凹槽或挂钉。纬纱则由织布机前侧沿水平方向在经纱间穿插编织。

也可以选用不带凹槽和挂钉的正方形或长方形工具，例如普通的相框，经纱围绕相框上下两边垂直缠绕。此时经纱需进行搓捻处理，或借助尺子和圆棒，将一组组被上下框分开的经线并于一处。稍后将以图片形式讲解2种织布机的经纱缠绕方法，以便最终确定哪种类型的织布机更适合自己。

面对不同类型的织布机，新手究竟应当选择哪一种呢？实际上，我们多数时候需要根据不同种类的作品来选择不同类型的织布机。

图中织布机从前至后分别为：硬纸板织布机、可调式框架织布机、利用废木板自制的迷你织布机、利用废木板自制的大号织布机和超大号框架织布机。

硬纸板织布机

如果只是想为自己的新创意做一个样品，那么最好选用方便小巧的硬纸板织布机。这种织布机不仅可以随身携带，而且方便在正式制作大幅作品前，尝试不同的经纬纱配色方案，就连织布机自身的尺寸也可依据作品大小来调整。硬纸板织布机的另一个优点是制作成本低廉，只需利用网上购物的旧纸箱包装进行改造即可。需要注意的是，纸板一定要足够厚实，建议选择用于邮寄物品的厚纸箱。如果纸板易于弯折，经纱便会失去足够的张力，导致织品最终成为一团乱麻。在硬纸板织布机上编织小号织品操作灵活，只需利用等候早班火车的时间，或者课间休息的空档，亦或是等待与朋友见面喝咖啡小聚的时间都可以用来编织。

便携式框架织布机

顶边和底边分别装有挂钉或凹槽的框架织布机种类多样，尺寸和价位均有丰富选择。在许多网店里都可以买到店主自产自销的框架织布机，许多店家还将织布机的全套编织工具以及适合新手编织的线材套装组合出售。同样，也可以利用简单工具，按照本书的指导制作出自己的织布机。无论预算是多是少，对这门手工艺的热情是高是低，最终都能够获得一架满足自身需求的织布机。

框架织布机是我创作大多数作品时的首选工具。由于线材间距更加均匀一致，框架织布机制作出的织品比硬纸板织布机制作出的织品更加紧实，图案也更加美观。在编织过程中，我们完全无需担心织布机的边框会被经纱压弯，因而可以选用更加厚重的材料，例如羊毛粗纱和布条。框架织布机还便于上下编织，省去了每一行都要借助缝针或手指将经纱从硬纸板上挑下的麻烦。通过在底部添加花边的方式可以为挂毯增加长度和质感，也可以在框架内织满纬纱，完成一片紧实的布料，然后将其缝合成枕套或餐垫。

这种织布机虽然多数不会小到轻松放入手包便出门的程度，但携带起来还是十分方便，平时存放也很省空间。框架织布机根据结构的不同，有的可以放在桌子上使用，有的可以直接放在腿上操作，还有的台式框架织布机底座可调节或可拆卸，便于运输。

超大号立式框架织布机

超大号立式框架织布机是编织主题挂毯、大号枕套或各类地毯等大幅作品的最佳选择。通常在五金店里便可购买现成的织布机或自制织布机所需的材料。由于立式织布机要比便携式织布机更占地方，且大幅作品通常很难一蹴而就，所以在购买或自制织布机前一定要确保自己有足够的空间来长期安置织布机。令人欣慰的是，此类织布机在搬运时通常可以拆卸，平时存放在床下或壁柜里即可。

总之，织布机种类丰富，上述3款仅是冰山一角。其他织布机还包括固定综丝织布机（带有精细配件且安装过程较为复杂的高级织布机）或落地式多轴织布机，非常适合编织布料、图案复杂的围巾、披肩和地毯等。不过，先不要操之过急，本书用到的各款织布机便足以帮助你创作出令人自豪的精美作品，同时学习到各种编织技法，为今后的创作之旅打下基础。

工具与配件

尽管有人说所使用的工具水平代表着艺术家的水平，但我在这里还是想建议各位选购入门工具时要理性。以下列出了一些最基础的织布机编织工具，这些工具不仅会令编织过程更加轻松高效，而且均有不同价位可以选择。

织针或缝针：规格多样，长度从6.5~20.5cm不等，材质包括：木质、金属、塑料或亚克力。针孔宽大，多数线材通常均可搭配使用，可以在布艺商店或网店购买。

分纱杆：呈长方形，近似尺子形状，末端是否平直均可。我们可利用分纱杆在经纱间上下穿插，将前侧经纱分成上下两层，然后与经纱保持垂直，为梭子撑出梭道，便于梭子沿同一方向穿插编织。在织品上大面积编织同一种颜色时，使用分纱杆可节省大量时间。将分纱杆用力向织布机顶端推移，可有效调节织品的松紧度。标尺或码尺均可替代分纱杆使用。

木梭：通常为长方形或船形，两端带有凹槽。当利用分纱杆在经纱间拨离出梭道后，缠有线材的木梭便可沿梭道编织。在大面积编织同一种线材的织品或逐行编织时，木梭比缝针的编织效率更高，因为木梭可夹带更长的线材。

编织梳：宽度不一，在编织过程中用于逐行整理新完成的纬纱。市面上销售的木质或亚克力编织梳款式精美多样，但也可使用手指、叉子或杂货店售卖的普通发梳来代替。

从左至右分别为：7.5cm 缝针、18cm 织针、铜管、木杆、30.5cm 分纱杆、木梭、20.5cm 木梭和编织梳。

木杆和挂钩：在创作挂毯时，还需要准备牢固的悬挂工具。可以选用从工艺品店购买的木杆、在五金店按所需尺寸切割好的铜管、亚克力杆、浮木或天然的树枝。

线材

初学阶段，通常都是根据颜色和质感来为自己的作品选择材料，后来我发现，只有深入了解不同线材的质地特征，才能更好地加以运用。在网购线材时，这些专业知识常常帮助我避免错误的选择。

在利用框架织布机进行编织时，既可以选择棉、麻、黄麻、亚麻、驼毛、真丝等100%纯天然材料，也可以利用腈纶和涤纶等混纺纤维。不同的线材粗细和质感均有不同。要清楚地了解到哪种线更适合编织纤薄的毛衫，哪种线更适合编织厚实的羊毛袜，重点是了解各种线材完成单行编织后的成品尺寸，以及与其他线材搭配使用时的纹理效果，从而创作出趣味十足的作品。

线材纤维成分

我认为在初学阶段，人造纤维是较为明智的选择，我们可以使用较低成本来体验这种手工艺是否适合自己。但在学习后期，我在最喜爱的一款编织作品中选用了天然纤维。你可以尝试抓起一团美丽奴羊毛的感觉，那种柔软的质感令人难以忘却。不用多久，你就会找到自己最钟爱的线材品种，每到编织时便忍不住选择这种线材，从而形成自己的用线风格。当然，你还会开始收藏自己最爱的线材，等待适合它的完美作品的出现。

每款纤维都具有自己独特的个性，不同的纺纱方法适用于不同的编织图案。一种纤维既可以纺出100%纯度的线材，也可以与其他纤维进行混纺。以下列举的各种纤维材质不能说绝对全面，但应该能够涵盖绝大多数常用的纤维种类。

100%棉：经纬纱均可使用，这种天然植物纤维具有强韧、纹理丰富的特点，适于制作流苏或编织挂毯。与羊毛、驼毛和真丝相比，纯棉纤维质地偏硬，但价格也相对便宜。

人造纤维：人造纤维包括尼龙、腈纶和涤纶等，均由工业化生产而成，有时与羊毛等其他纤维进行混纺。通常人造纤维线的售价要比天然纤维线低许多，但成品效果同样出色。

由上至下分别为：涤纶 / 羊毛混纺线、100% 羊毛线、纯棉线、驼毛 / 羊毛混纺线、驼毛 / 羊毛 / 真丝混纺线、100% 羊毛线。

羊毛：编织品中常用的天然动物纤维。羊毛易于搭配，且不同种类和品质的羊毛可塑造出形式多样的纹理效果。羊毛粗纱是一种被拉长但尚未纺制成线的纤维，外表呈棉花糖状。

驼毛：驼毛与羊毛相似，但不易引发过敏，质地柔软舒适。

真丝：一种精细却强韧的纤维，光泽度高。

竹纤维：由于我们通常不会频繁清洗编织品，因此竹纤维可以算作出色的织布材料。由竹纤维纺制的线材须手洗风干或干洗，以防缩水或受热损坏。这种材质的优点是强韧、柔软、经久耐用且抗菌。竹纤维常与羊毛、真丝等其他纤维进行混纺。

我个人更喜欢用棉线作经纱，因为棉线比较耐用，但实际上人们会经常忍不住尝试不同的材质和颜色的纤维来创作更加丰富的图案。建议先从棉线入手，在熟练一种材质后再向其他线材扩展。可以在手工材料店里购买到一轴轴白色和彩色的棉线，价格实惠。

线材规格

厂商会根据线材的粗细和重量来划分不同规格，从而帮助使用者了解各种线材分别适用于何种作品。例如：羊毛可以纺制出纤细的蕾丝线，也可以纺制出超粗线。蕾丝线十分精美纤细，适于编织较轻薄的作品，例如装饰用的桌布，但却不适合编织保暖用的毛衫。同样，超粗羊毛线适于编织温暖舒适的盖毯，但用来编织薄袜子的效果却并不理想。在我们掌握线材的规格分类及其对应的重量后，便可为自己创作的作品选择最为理想的密度，尤其当我们同时使用多种线材时更是如此。

蕾丝线：按照线的粗细来划分，蕾丝线属于非常纤细的线材，多用于编织蕾丝和装饰用的桌布。在编织

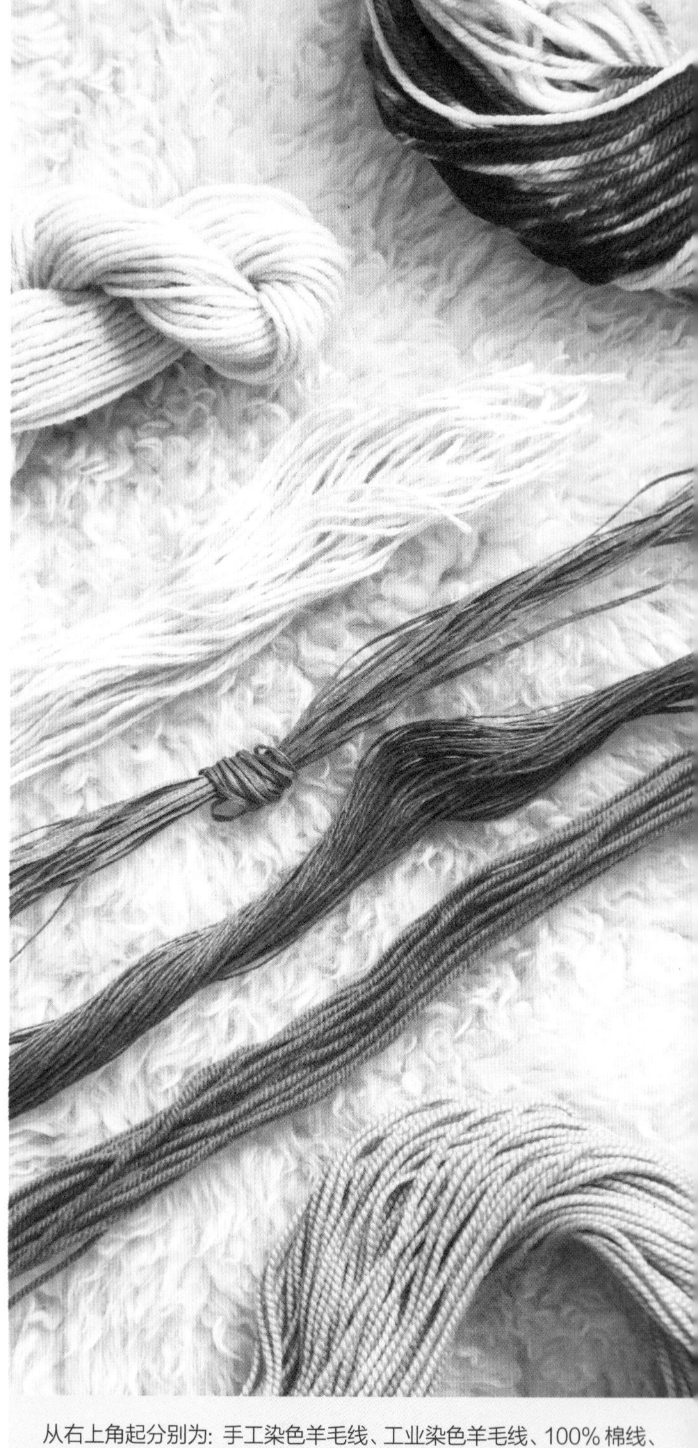

从右上角起分别为：手工染色羊毛线、工业染色羊毛线、100% 棉线、棉麻线、100% 亚麻线、100% 羊毛线、羊毛 / 真丝混纺线。

时，较适合编织小巧的作品，如手编项链。

细绒线：通常用于编织袜子，这种线较为轻柔，也可用于创作编织品中复杂而精细的装饰或其他小号作品。

中细线：用于编织中等偏薄的服装，在编织花样图案时，中细线将成为你理想的选择。

细精纺线：这是一款中等粗细的线材，可用于编织围巾、毯子和毛衫。这种线非常适于填充大面积镂空或创作图案。

中粗精纺线：较粗的编织线，可与中细线或细精纺线搭配，创作出各种可爱的纹理效果。你可利用中粗精纺线在挂毯底部添加流苏或创作精美而耐用的枕巾。

高粗线：最粗的一种线材，可用于丰富纹理并大幅提升编织速度，因为高粗线单行编织后的尺寸远大于其他线材。

用线量预估方法

当编织挂毯时，可能无法像在综丝纺织机上编织桌布或手工编织围巾那样准确地预估用线量。实际上，我们很少会重复制作同一种图案或款式，更多时候是利用手头现有的纱线来试验自己的新创意，以确定图案效果是否令人满意。影响用线量的因素包括：线材的规格和质地、图案中不同线材的用线比例、采用的不同针法、里亚结的长度和织布机的尺寸。

在确定经纱所需长度时，先确定你将在织布机上边框编绕多少个挂钉或凹槽，然后将其乘以2（20个挂钉×2=40）。然后测量出框架织布机顶边与底边之间的距离并加2.5cm（30.5cm+2.5cm=33cm）。将上述2个得数相乘便可确定你最终需要多少厘米的线材（33cm×40=1320cm）。然后将

从上至下分别为：蕾丝线、中细线、细精纺线、中粗精纺线、高粗线、细绒线。

总数除以100，便可得出你需要多少米的线材（1320cm÷100=13.2m）。我习惯在计算出的用线量上预留一定的余量，因而我最终会取用13.5米。

在预估平纹编织所需的纬纱长度时，我发现预先确定计划使用的线材每厘米线圈纵行数是十分有效的。以下为常用线材的每厘米线圈纵行数列表。

每厘米线圈纵行数（WPI）

蕾丝线：每厘米7纵行以上

细绒线：每厘米6纵行

中细线和细精纺线：每厘米5.5纵行

中粗精纺线：每厘米5纵行

高粗线：每厘米4纵行

这里的每厘米表示沿经纱一侧向上测量1厘米距离。将对应线材的WPI乘以2，即得到每厘米距离内所含纬纱的纵行数。

然后将所得结果乘以纬纱纵行数的总宽度，来确定填充织布机1厘米经纱镂空需要多少厘米的线材。

再除以36便可将其换算为所需线材的码数。该结果便是利用此种线材填充经纱间镂空时，每厘米所需线材的码数。

当使用里亚结编织流苏时，确定所需线材码数的方法是先预估出流苏的长度，然后将该长度乘以2。外加2.5cm来弥补打结所耗费的线材。现在用所得结果乘以每个里亚结计划使用线材的股数。然后将该数字乘以里亚结的总个数。再将结果除以36，由厘米换算成码数，最终便得到编织里亚结所需的线材长度。

如果在动手前预先绘制了作品的设计图，你对线材的预估结果可能会更加准确。如果高估了用线量，你可以开动脑筋在未来的作品中充分利用这些余线。如果低估了用线量，可以尝试能否用手头现有的材料来代替，或者只能磨练自己的耐心，等候新线材的到来。一旦成功编织一两件挂毯后，你便会对整幅

将WPI值（每英寸线圈纵行数）乘以2，可得到每英寸镂空所含纬纱行数。

用每厘米镂空所含纬纱行数乘以经纱的总宽度，可得到填充经纱间2.5cm镂空需要多少厘米的线材。

图案中，不同元素所需材料的用量有所感觉。切记一次性买足同一缸号的线材，以确保作品颜色的整体一致性。

其他线材

很高兴看到越来越多的小型纱线企业通过网络为用户提供越来越多手工染色和天然染色的线材。此外，我们还可以到本地旧货商店或跳蚤市场的手工区去寻找各种古风古韵的材料。

其实能够为作品添加趣味的不只是线材，还有人。最近，我就将儿子出生时使用的一条很薄的婴儿抱毯剪成布条，编织成了一件大号挂毯。与纯棉经纱搭配，这些布条塑造出丰富的纹理效果，与挂在旁边用料精细的挂毯形成有趣对比。我还曾以首饰线代替棉线作为经纱，本书中的一款作品（第108页）则嵌入了染色的鸭毛。所以要牢记，只要是能够弯曲的材料都有可能用来编织。

无标签线材

当遇到无标签说明的线材时，可以将大拇指插入线团，使线材从拇指关节端至拇指指间逐一整齐排列，然后点数这段距离间线材的行数，通常这段距离即为2.5cm。

苏迈克针法提示

切记遇到苏迈克针法时（第84页），耗线量为常规量的3倍，因为这种针法在穿越经纱时需回线2次。

由 Knit Stitch Yarn 提供的多款手工染色中粗精纺羊毛线。

第2章

自制织布机

在开始创作第一件编织作品前，需要先确定自己需要一款什么样的织布机。编织之美在于我们可以在任何相互对应的固定点或面上缠绕经纱。也就是说，你既可以利用一个纸箱、一块厚木板、一根带有树杈的树枝，也可以选用市面上最高级精密的织布机。我们也因此拥有了充分的自由度去创作任意尺寸和形状的个性化作品，或是制作一条超级迷你的手编项链，或是为自家走廊编织一块76cm×180cm的大幅地毯。与此同时，你还可以暂时省去购置织布机的费用，多数爱好者都是如此，先确定编织已真正成为自己最喜爱的展现创意的方式，并真心乐于为自己的编织爱好加大投入，然后再做出理性购买的决定。

学习自制织布机的好处之一是可以充分利用手头现有的材料或对废旧材料进行改造。我曾利用在路边捡到的一块45.5cm×122cm大小的废木板制作了一架简易的立式织布机。我只需要沿顶边尽可能均匀地钉上一排钉子，然后向下在距离45.5cm的位置再钉一排。有了这台织布机，我便可以把小宝宝挂在胸前，采用站姿进行编织。一边前后轻轻摇摆安抚宝宝，一边做些自己喜欢的事情，这对我俩都是心灵上最大的慰藉！9个月后，我开始尝试不规则图案的编织。我在同一块木板的底部，用钉子钉出圣诞袜的形状，手编袜子最终呈现出的效果远超预期，与2片法兰绒内里缝合后便可穿着，非常实用。这款实验作品令我意识到，只要找到相互对应的点或面，图案的创作空间将无限广阔。

本章将逐步讲解制作小型平板织布机、可调式桌面框架织布机和超大号框架织布机的方法，同时为做好充分准备的读者分享到专业店铺购买织布机的注意事项。现在市面上织布机的款式似乎比以前丰富了许多，这都要感谢那些手工艺人的新颖设计，他们实现了古老传统与现代科技的成功结合。如果你不想自己制作织布机，那么一定会有更多丰富多样的款式和价格供你选择。

硬纸板织布机

如果你希望寻找一款织布机，既无须花费太多，又便携好用，那么一台自制硬纸板织布机一定会成为理想的入门工具。可以将作废的快递箱顶盖剪掉，也可以在路过邮局时选取一款厚实的邮寄信封，准备工作就完成一半了。只需确保选定的硬纸板能够承受另一端施加的些许压力，而当发现自己对这门手工艺十分着迷时，硬纸板也不会因为频繁使用而出现弯折即可。

材料

1 块厚实的硬纸板，剪切至所需大小	尺子
纸胶带	铅笔
	剪刀

硬纸板织布机的制作方法

1 分别在硬纸板的顶边和底边，每隔6mm做一个标记，然后在每个标记处剪开6mm深的剪口。标记距离过近容易造成硬纸板撕裂，距离过远则会造成编织作品过于松懈。我在顶边和底边分别粘贴了纸胶带，以增加剪口的醒目度，但这一步不做强制要求（图1）。

2 将经纱一端粘贴在硬纸板织布机背面。经纱由上方绕至织布机前侧，要确保经纱穿过织布机顶边第1处剪口。继续将经纱向下引过底边第1处剪口，然后再次绕至织布机背面。继续照此缠绕，使经纱依次穿过顶边第2处剪口和底边第2处剪口后再次回到织布机背部，继续缠绕至最后一组剪口。预留15cm线尾，将其粘贴在织布机背面（图2）。

3 织布机的松紧度既不能过紧，致使硬纸板弯曲成弓状；也不能过松，致使前侧经纱过于松懈。在剪断经纱并将线尾固定在织布机背面之前，可根据需要调整经纱的松紧度，将过松的部分收紧，过紧的部分放松。实际操作时，我们仅在织布机前侧编织（图3）。在设计织品时，请在顶部预留2.5cm空隙不编织，因为在平板织布机上操作时，越往上编织难度越大。关于如何从织布机上取下织品，请参见第40页。

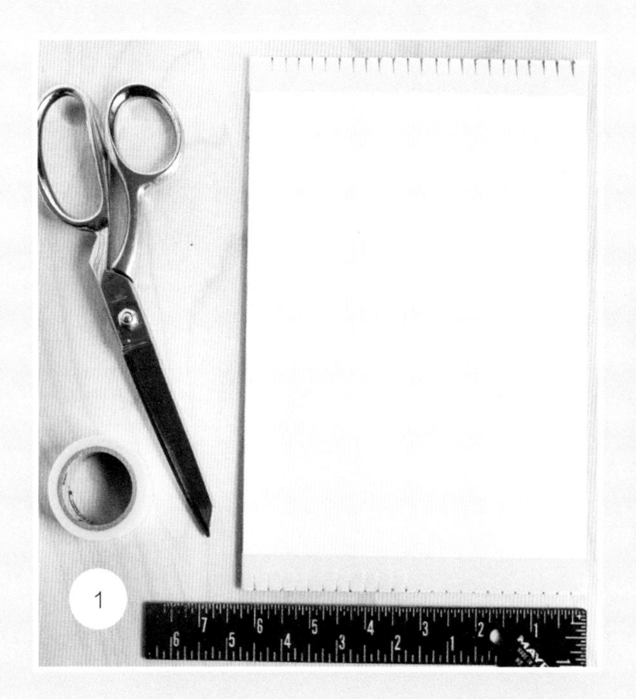
1

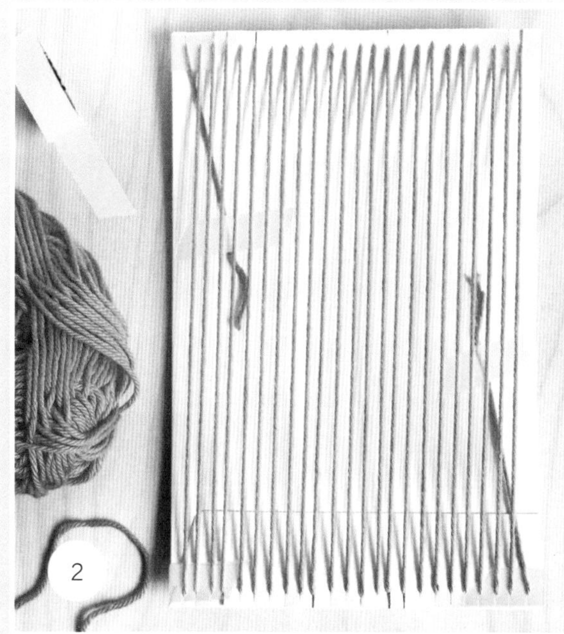
2

3

可调式框架织布机

自制可调式框架织布机并没有听起来那么难，但需要准备一把电钻。根据以下方法制作的织布机至少可用于制作2种不同尺寸的挂毯。需要运输或暂不使用时，还可卸下螺丝，将框架拆开保存。如家中没有电钻，可改用锤子在四角螺丝的位置钉入钉子，形成固定式框架织布机。

材料

4 块杨木板，尺寸为：
2.5cm × 5cm × 61cm
（实际尺寸为
2cm × 3.2cm × 61cm）
电钻
9/64 钻头
8 颗铜制圆头有槽机用螺钉，#8-32 × 2
8 颗铜制标准六角螺帽，#8-32
52 颗钢钉，3.8cm
锤子
手锯
中粗砂纸
尺子
铅笔

可调式框架织布的机制作方法

1 利用尺子、铅笔和手锯，裁切出2块38cm的杨木板。将2块木板的四边及表面打磨光滑。取出另外2块较长的木板平行摆放，两者间距约38cm。然后将2块短木板相互平行压放在长木板上，拐角对齐，短木板与长木板呈90°，组成一个长方形。分别沿2组角的对角线做2个标记，注意标记位置应距离木板边缘1.3cm，以免电钻打孔时将木板钻裂。利用9/64钻头预钻好螺丝孔，同时确保木板拐角各边对齐。拧入螺丝和螺帽，将顶边两拐角固定紧实（图1）。继续在剩余2个拐角打孔并拧入螺丝。

2 要实现织布机的可调节功能，关键在于将底部38cm木板用作可调节的活动框，你可根据自己的需要，向上任意调节框架高度，最终在长木板上确定另一组固定孔。我的第2组固定孔设置在距离底边18cm处，但可轻松根据需要定制自己所需的高度，甚至还可以添加第3组或第4组固定孔，只是每组固定孔之间须至少保留5cm以上的间距，以防止木板断裂。在标记固定孔位置和打孔前，务必注意各拐角处保持90° 对齐（图2）。插入螺丝并在后侧套入螺帽拧紧。

3 在距离顶部横板右下角3.2cm × 1.3cm处做1处标记，然后每隔1.3cm另做1处标记，共计26处标记。同样方法标记底部横板。所做标记越统一和均匀，编织出来的挂毯就会越美观。我们可以先取下2条横板，以方便钉入钉子，也可以找一块废木板，垫在悬空的横板下方，起到一定支撑作用（图3）。将钉子对准标记位置，小心锤入1.3cm，探出部分保持在2.5cm左右。锤入钉子时一定要注意手指哦！

1

2

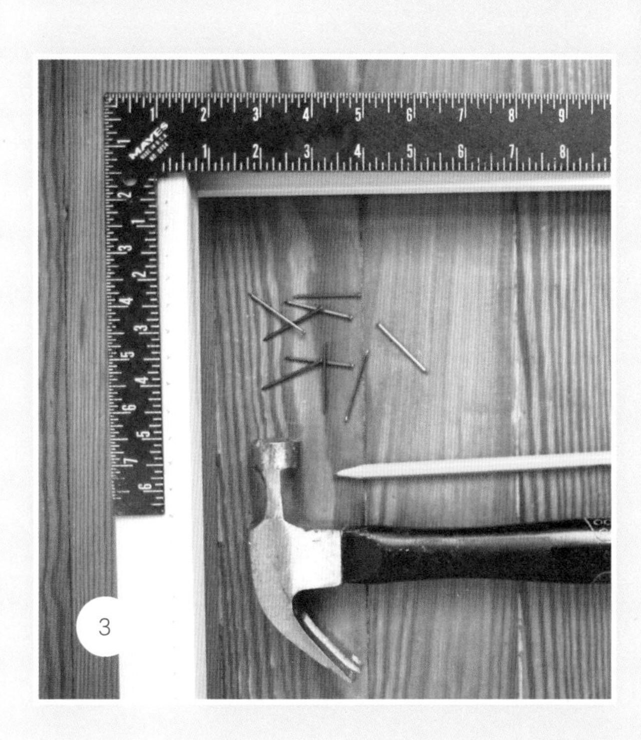
3

可调式框架织布机的经纱缠绕方法

当我们在硬纸板织布机上缠绕经纱时，采用沿硬纸板前后环绕经纱的方法，因为硬纸板上的凹槽难以承受编织过程中拉拽经纱的力度。当我们在木制框架织布机上缠绕经纱时，由于顶板和底板均装有钢钉、挂钉或凹槽，我们只需在织布机前侧上下缠绕经纱即可。

1 在距离经纱线头2.5cm的位置打1个环圈结，并将其挂在顶板第1颗钢钉上。范例中由第4颗钢钉开始缠绕，以便读者观察。经纱向下，在底板对应的钢钉处向上回绕至顶板上的第2颗钢钉。继续按照上述方法，在织布机前侧呈之字形上下缠绕（图1）。当经纱为偶数时，在顶板最后1颗钢钉上再套1个环圈结。如果经纱缠绕的起点和终点分别在相对的顶板和底板两边，则缠绕完成后的经纱数为单数。如需为整个挂毯添加里亚结装饰，建议缠绕双数经纱，因为每个里亚结均需2条经纱线。如需编织对称图案，建议缠绕单数经纱，以便确定中心。

2 在剪断经纱并打第2个环圈结前，请先调节好经纱的松紧度。经纱过松会导致织品纹理混乱，经纱过紧会过度拉抻，导致顶端处难以编织。如松紧度不够均匀，则会造成织品一侧松懈。

调节松紧度最有效的方法是拉伸经纱的一端，使经纱在每个钢钉的折返处保持均匀的张力，也可以利用一根6mm粗的木杆或一把直尺在经纱间轻轻向顶端梳理。这样可以化解掉经纱松懈的部分。

3 剪出一片厚纸板，其宽度至少要比所有经纱的整体宽度宽出5cm，高度约为6.5cm。将纸板在经纱间前后穿插（图2），向下拉动至经纱底部，使纸板紧贴钢钉上端（图3）。当我们从织布机上剪下编织完成的挂毯，并将经纱打结，固定住纬纱时，这片纸板将起到纱缝控制器的作用。

当我们编织至接近顶板时，可在无法继续编织的空间内插入木杆或长管，这样有利于实现经纱顶端整齐的收边。木杆或长管可以将纬纱牢牢固定，我们便可省去制作抽丝花边（第50页）或剪断经纱并系紧，然后在织品背面钉缝固定的麻烦。

如果习惯于从上至下编织，你可能会忽略该步骤，因为在底部结束编织时，你会拥有足够的空间来打结经纱。由上至下编织还是由下至上编织通常取决于我们的大脑运行方式，只需选择你认为舒适的编织顺序即可。

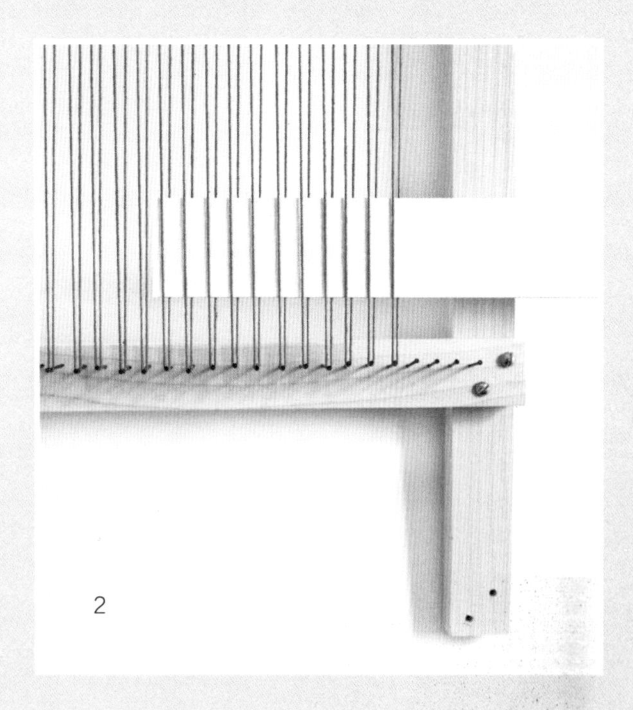

环圈结的系法

将纱线一端回折7.5cm。一手固定住线头端，然后利用对折部分打一个结，将线结收紧后便形成了一个环。多余的线尾可剪断。

超大号框架织布机制作方法

熟悉了以上下梭织为主的平纹编织法，我便决定要投身于一件大作品，以充分利用自己学到的新技能。我建议Beautiful Mess博客网站负责人开设一个关于编织地毯教程的专栏并获得了支持，尽管我们都不清楚，这个专栏会成为激发大家灵感的源泉，还是会以失败告终。我想有时最纯真的念头反而最终会为我们开启光明之门吧！我从自己的存货中找出一些木料，将它们锯成2.5cm厚的长木板，用于缠绕经纬纱。在不耽误做家务、带孩子的前提下，我大概用了2周时间终于制作完成了这台织布机。直到今天，用那架织布机编织的毯子还装饰在我的工作室里！

拥有一台超大号织布机意义重大。它的吸引力令人无法抗拒，它将成为我们升级编织技能的一大挑战，同时也为我们设计前所未有的大作品提供了可能。你可以根据自家的空间或自己的需求来调整编织机的尺寸，如果在组装织布机时采用螺丝固定，那么在完成作品后还可以将织布机进行拆分。在编织地毯、桌旗、主题挂毯，以及可用于制作枕套或书包的大幅编织作品时，超大号织布机是最理想的选择。除可以选用任何规格的线材外，你还可以利用布条、救生绳、绳索，或其他适合用于创作作品的材料。

材料

2 块 木 板， 尺 寸 为：
5cm × 5cm × 2.4m
2 块 木 板， 尺 寸 为：
2.5cm × 10cm × 2.4m
12 颗匣板螺丝，
∅ 8 × 5cm
122 颗无头钢钉，5cm

电钻
9/64 钻头
梅花钻头（可选）
手锯
中粗砂纸
尺子
铅笔
锤子

超大号框架织布机的制作方法

1 制作超大号织布机的方法与制作可调式框架织布机的方法相同。先将2条2.5cm × 10cm × 2.4m的木板从中间锯断。你可以使用家中的手锯进行切割，也可以到大型的木材商店寻求帮助，他们通常都会乐于帮忙。然后将2条5cm × 5cm × 2.4m的木板切割为5cm × 5cm × 1.8m。这样便可组装成一个1.2m × 1.8m的框架，但你可以根据需要来调整实际宽度和高度。

2 将2条5cm×5cm×1.8m的木板相互平行摆放，木板间距约为1.2m。然后将1条2.5cm×10cm×1.2m的木板压在2块木板顶端，末端对齐。另一条2.5cm×10cm×1.2m的木板按照同样方法压在底端。将第3条2.5cm×10cm×1.2m的木板放在中心（最终你将富余一条2.5cm×10cm×1.2m的木板）。这样便搭建起一个长方形的框架，并在中心安装有1条加固板。在日常搬运过程中，这块加固板还可起到防止织布机倾倒的作用。

3 在横板和竖板交汇的各角各做2个标记。沿边缘向内量出2.5cm，从上层木板向下层木板预打孔（图1）。每个拐角处均照此方法操作，然后钻入螺丝（图2）。如果你购买的是一套梅花槽匣板螺丝，则需配备特殊的梅花钻头。

位于中心的加固板按照同样方法钻入螺丝。

如果无法找到电钻，也可以利用足够结实的5cm钉子代替螺丝，只是这样会不方便拆卸。

在开始下一步前，先用中粗砂纸将框架上的粗糙表面打磨光滑，以防木刺刮损线材。

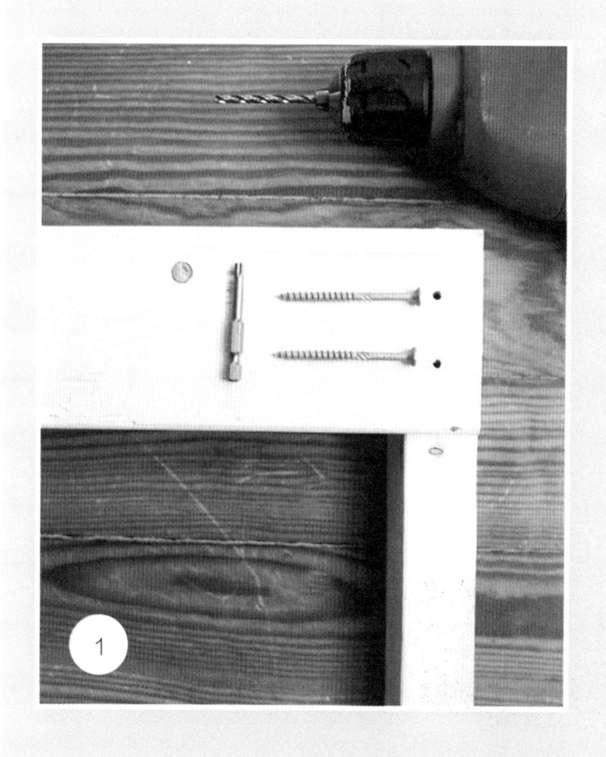

1

2

4 沿顶板边缘向内量出3.8cm，然后用铅笔每隔2cm做1个标记，直至距离对边3.8cm（图3）。顶板最终应安装61颗钉子。底板按照相同方法钉入钉子。如果木板出现破裂迹象，你可以选择在整条木板上呈之字形排列钉子，即每颗单数钉子比偶数钉子高出2.5cm。

超大号框架织布机的经纱缠绕方法

5 超大号框架织布机的经纱缠绕方法与可调式织布机完全相同，只是经纱的数量会大大增加（图4）。我建议选用纯棉经纱，这样可确保在织布机上缠绕经纱时全程不会断线。如果在缠绕经纱途中出现经纱长度不足的问题，可在起始点同侧的顶板或底板上打1个环圈结将线尾固定。然后利用新加入的经纱再打1个环圈结，挂在上一段经纱收尾的同一个钉子上。这样便可继续缠绕经纱，且看不出接头位置。

越大号的织布机越难保持均匀的松紧度，所以在缠绕经纱时需格外注意这一点。在正式开始编织前，你可以将两把端头互搭的码尺按照梭织方法插入经纱，然后轻轻推向顶部，以便协助调整纱线的松紧度。

框架织布机购买指南

在你准备购买织布机前，请先认真考虑下自己想要编织什么样的作品。是把编织视作一种个人爱好，用来享受配色的乐趣，为自己找点事情做做，还是希望自己能够编织出艺术品级的挂毯，并在网店进行销售？你是将编织大幅作品的过程及为其投入的时间精力视为一种享受，还是更喜爱只需2集综艺节目的功夫便能轻松搞定的简洁图案？

在Etsy网站和许多小型专业网站上均可购买各种型号和款式的织布机，从激光切割的方形或圆形竹制平板织布机、带有凹槽和挂钉的便携式织布机、编织体验更加舒适的桌面台式框架织布机，到款式多样的可调节式织布机，品种不胜枚举。部分织布机还会附赠全套必备工具，许多商店里也能根据需要单独购买工具用以替换。

利用自制织布机学习编织技法不仅经济划算，而且也能满足基本的功能需求，但不得不承认，由工艺精湛的专业人士制造的织布机具备特有的优势。由于制作过程中的各项测量数据更加精准，编织完成的作品看起来自然会更加精致，织布机也更加经久耐用。总之，建议你在购买前多多分析比较，可向你喜爱的编织高手征询意见，最好能够提前试用，感受一下是否符合自己的编织习惯。

由“个性香梨”（Unusual Pear）出品的便携式激光切割织布机是你在旅行中享受编织乐趣的理想选择。

horizon
eyes
uphill
hearts

第3章

个性织布作品设计

任何艺术探索都需同时具备激情和灵感。有些编织爱好者喜欢图案设计、配色和打样的过程，并会在编织时使用模板。还有些编织爱好者喜欢不受任何计划的约束，直接坐在织布机前，随手抓起身边最“跃跃欲试”的线材，然后顺其自然地创作出图案。学习编织技法的途径多种多样，且因人而异，不分优劣，其中的重要一环便是确定自己适合且喜爱的方法，以及彻底掌握这门技艺所需采取的步骤。如果你喜欢独立探索，且脑海中早已创意满满，那么你尽可以直接动手创作自己的第一件作品，边做边学。

有时实践是最好的学习方式，我们会在实践过程中逐渐领悟一切。如果与之相反，你更喜欢循序渐进，那么就开始阅读本章的内容吧！

探索属于自己的风格

寻找个人独特风格的第一步便是欣赏他人的作品，以及观察周边有哪些自然界的事物会格外吸引你。在挖掘和研究世界各地传统设计图案和当今知名布艺设计师的现代作品的过程中，图书馆和互联网是最好的工具。手工网站则是收集创意和灵感的绝佳途径，因为这里是布艺设计师和手艺匠人分享自己艺术作品的集中地。如果有机会到博物馆参观布艺展或面对面欣赏某位设计师的个人作品，每一件作品中所饱含的时间和心血一定会令你受到更多鼓舞和激励。我们需要特别关注自己喜爱某类作品的理由，以及这些作品在图案和设计上展现出来的细节：用到哪些材料？配色是否令人感到惊艳？作品中所包含的元素属于传统复古风，还是现代抽象派？

由自己和邻居的家中，以及大自然界汲取图案和配色的设计灵感。

我会定期浏览Etsy和eBay网站，寻找传统基里姆地毯的设计图案，并不时做做家中堆满这些作品的美梦。这种有趣的爱好令我发现，自己喜爱的毯子间存在一些共性：它们都包含醒目的几何与非对称图案，通常选用了粉色、靛蓝、赭色、米白和黑色，很少包括任何橙色、紫色或大面积的红色。找到这种共性令我更加清楚自己在设计中会选择哪些元素，同时也令我意识到，图案中带有紫色的挂毯不是我的风格，这为我节省下不少时间。

为了更加节省精力，我们可以在电脑桌面上创建一个文件夹，用来收集那些第一时间便能抓住我们眼球的图案和设计。过一段时间后再来回顾这些图片，注意观察图片间的相似之处。是否发现其中反复出现或艳丽或淡雅的色彩？频繁出现的色调饱和度是高是低？你是否偏爱白色？是否注意到自己总想不断尝试某些纹理、技法或形状？

确立独一无二的风格

在我们充分利用其他艺术家的作品时有一点需要时刻提醒自己，那就是我们无时无刻不在从前人的作品中汲取经验。当站在那些巨人的肩膀上进行创作时，我们都有责任牢记正是他们的努力为我们提供了如此美妙的作品。每当我们借鉴他人的创意、图案和配色时，一定不要忘记去思考，我们在作品中能够以何种形式融入自己的东西。我想任何领域的手工艺者和艺术家都会认同，初期直接临摹其他艺术家的设计和创意是我们学习一种新技艺的有效方式，但在此基础上不断向前探索，找出自己能够为之贡献的独到之处同样重要。这不仅是对他人劳动成果和知识产权的尊重，同时也是为确立自己的独特风格，分享得意之作提供机会。

我在努力探索一种全新的创作方法，希望能够将现有设计元素与其他元素完美结合。这种方法有可能是在传统图案中运用现代配色，有可能是采用一种全新的方式来驾驭常规的几何图案。有时，这种尝试也意味着加入特殊的材料，从大自然中汲取灵感，或将自己喜欢的物品进行拆解，重新思考此类元素的运用方式。这样，你必然会创作出更具个性的作品，同时也会启发他人形成完全不同的创意。当一天结束时，每件编织作品就是你不断提升设计水准的最佳印证。

设计个性化的作品

当你准备好坐下来开始编织时，还有一些技术性问题需要思考。你希望编织一件挂毯，还是某种实用的物品？你想编织多大的作品？你是否已拥有一台织布机，还是需要根据作品尺寸自己制作一台织布机？你是否已确定配色和线材？现在是不是有点感到发懵？沉住气，先做个深呼吸。

首先，准备一个速写本，随时记录自己的设计思路，并利用彩色铅笔或水彩描绘出自己的设计。有时，我们在整个思考图案创意的过程中会突发奇想，有可能激发出更好的创意。想想平衡构图中的三分法。如果你对这个概念不熟悉，就想象将作品横向和纵向各分成3等份。此时，横向和纵向的分割线会有4个交点。科学证明，将作品焦点沿分割线分步或置于焦点处，会令构图看起来赏心悦目。

当图案以1、3、5等单数为一组时，看起来最为有趣且平衡。奇数的构图效果总是更赞一些！当我们在设计一组组条纹、层叠纹或里亚结时，这条原则会对整体构图起到帮助。尽管有时设计原则就是用来被打破的，但我们首先应当了解这些原则，这样才能有的放矢地去打破。

色彩与纹理的运用

在设计编织作品时，我最爱的环节便是选择和搭配欢快的色彩组合。只要选对颜色，人们对一款挂毯的评价便会从“嗯”提升至“哇哦！”。想要创造有趣的色彩组合，最简单的方法是从自己喜爱的杂志图片中去寻找和谐的配色方案。我们需要注意一些特殊的色调，尝试不同的方法来复制出近似的色彩。有时，从大型手工用品商店的线材中反而找不到有趣的配色，这也正是我们会去一些小型手工材料店寻宝的原因之一。说到真正令人惊艳的颜色，非手工染色线莫属哦！

下面我们谈谈作品的质地问题。有些款式需要选用较粗的线材。我想你在编织第一款大型主题挂毯时，一定不会想要选用细绒线，除非你不打算在年内完成这件作品啦！精美的羊毛粗纱线可能适合编织挂毯，但如果用它来编织地毯则会乱成一团。

作品范例

糖果挂毯

这款编织作品仅用到一些基础技法，因而可以充分享受亲手编织一件小型挂毯的乐趣，并开始熟悉基本的编织流程。在完成这件作品后，你便会对织布有一个大体的了解，在后续作品中将会学到更多新技法。如果你已熟练掌握上下梭织技法，也可以直接动手制作难度更大的作品。

正如本章开头的文字所述，挂毯设计最重要的一环便是选择自己喜爱、同时又能协调搭配的颜色。这款设计简约的作品采用冰淇淋色系，整体具有强烈的视觉效果，既现代又有趣。3种色块的组合令人感到赏心悦目，完全符合三分法原则。

成品尺寸

14cm×33cm，包括流苏

材料与工具

自制硬纸板织布机，16.5cm×24cm

亮橙色中粗精纺棉线，46m

玫粉色中粗精纺羊毛线，46m

橘红色中粗精纺棉线，46m

本白色中粗精纺棉线，用作经纱，137m

木挂杆，25cm×18cm

分纱杆

缝针，18cm

缝针，7.5cm

编织梳

剪刀

纸胶带

1 按照第20页介绍的方法自制硬纸板织布机，并缠绕好经纱。我在这款织品中选用白色棉线作为经纱。从织品一侧插入分纱杆，沿纬纱方向每隔1根经纱挑起1根经纱。如图所示，在入杆时你既可以选择从第1根经纱的上方压住经纱，也可以选择从其下方挑起经纱，只要后续始终保持下压上挑的顺序即可（图1）。当分纱杆穿至另一侧时，用于引线的织针或梭子便可沿同一方向穿过分纱杆撑起的织道（或梭道）。在范例中，从左向右编织时会比较快捷，从右向左编织时，需要用织针和手指重新挑压织道。

切记分纱杆须比经纱的整体宽度至少宽出5cm，以确保在编织时分纱杆不会漏挑两侧的经纱，造成上下梭织顺序的混乱。当使用大号织布机编织时，可将码尺或长木板用作分纱杆。

2 暂时将分纱杆推至织布机顶部。将1.2m长的橘红色线穿入织针，从右侧经纱下方同时挑起最外侧2根经纱。我习惯于不选择最外端经纱（也称为织边）作为起点，因为在外端保留几根经纱不编织，可打造出更加整齐的织边，在将线尾藏缝至织品背部后，织边将看不出任何线尾的痕迹。将织针从上方压住第3根经纱，然后从下方挑起第4根经纱，照此顺序整行上下梭织（图2）。图中橘红色线为第1行纬纱。

3 穿越经纱时始终轻轻拉引织针和纬纱，直至起点处仅余10cm线尾。在拉引纬纱时，建议沿对角线向上牵引，形成一条斜向上的线（图3）。

4 将纬纱小心向下牵引至底部，形成一条轻微的弧线（图4）。

5 用手指轻轻向底部推压中心和两侧的纬纱，使其形成一条波浪线（图5）。

6 此时再利用编织梳或手指，将纬纱剩余部分向底部推压，使其基本贴近硬纸板织布机底部（图6）。如纬纱仍不平整，可轻轻收紧纬纱，再次形成弧线状。然后重复第5~6步。

利用这种技法，而不是直接将纬纱从头直接拉引至另一侧，可使纬纱行保留足够的松弛度，在我们逐步向上编织的过程中，纬纱的编织效果会更加均匀平整，有效避免纬纱行越织越紧，以至最终将两侧经纱向内收紧，使织品呈现出可怕的沙漏状。照此方法编织数行后，你便会掌握拉引纬纱时应保留的松弛度，看起来繁琐的逐行操作也会转变为编织过程中顺畅、甚至还可能具有一定治愈效果的连贯动作。

7 下面开始利用织针沿反方向编织（图7）。在结束编织第1行纬纱时，织针从最后一根经纱下方引出，因而此时针将从上方下压这根经纱，然后从下方挑起下一根经纱，照此重复上下梭织。

8 再一次沿斜上方拉引纬纱。如果你希望确保自己不会将纬纱拉收得过紧，可利用一根手指压住纬纱在边缘的折返点，这样在你收拉弧线和波浪线的过程中，上一行纬纱便不会随之被收紧。重复利用编织梳或手指向底部推压纬纱行，直至整行纬纱紧贴第1行，再次对纬纱的松紧度略作调整（图8）。

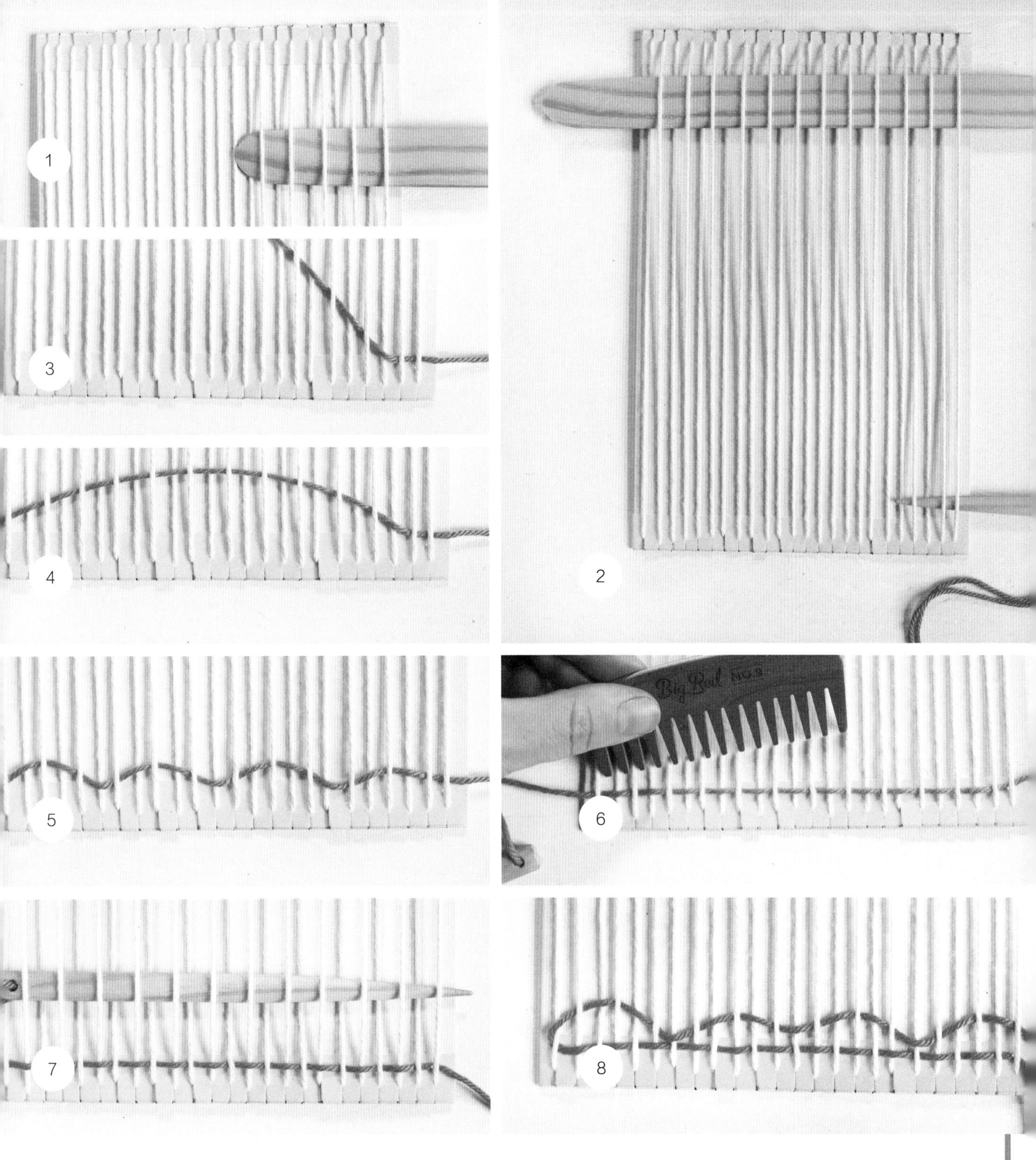
1
2
3
4
5
6
7
8

9 这便是最基础的平纹编织法，照此方法来回编织，直至耗尽线材。将分纱杆向下推至织布机中心位置，如图微微向上翘起（图9），为织针撑起一条编织梭道（或织道），我们便不需要再利用手指去挑撑梭道。如前所述，这种方法在框架织布机上只适用于一个方向。在范例中，每次从左向右编织时均可预先撑出梭道。只需上翘分纱杆，将织针直接穿过梭道即可。

10 当拉引纬纱形成一条弧线时，放平分纱杆，并将其推回织布机顶部，然后再利用编织梳向底部推压纬纱行（图10）。这样便可清除分纱杆的阻碍，方便反向上下梭织。当逐渐靠近织品顶端时，会出现经纱过紧、无法使用分纱杆的情况，此时便可卸下分纱杆。在创作特殊形状或复杂图案的作品时，分纱杆的作用将大大降低，因为可能会频繁变换编织方向。

11 最后，纬纱将耗尽或需要更换其他颜色的纬纱。无论何种情况，均需保留至少10cm线尾，以便完成在织品背部的线尾藏缝工作（图11）。这样一方面可以防止纬纱出现缠绕打结的情况，另一方面也可将织品背部的线尾清理干净。

12 注意第1段纬纱线尾在经纱下方的藏缝位置。在添加下一段纬纱时，先将纬纱穿入织针，然后从第1段纬纱收尾的位置向上引出，继续依照上下梭织的方法进行编织。如图所示，2段线尾在同一根经纱下方交叉，几乎看不出纬纱的接头（图12）。这样便可实现纬纱的无缝衔接。这是2种接线或换线的方法之一。这种方法的优点是可以避免在纬纱行形成衔接结，缺点是如果线尾藏缝得不够精细，便会在经纱后侧形成一条缝隙。

另一种方法是使2段线尾在3~5根经纱间保持重叠，本书将在后续几款作品中具体讲解。第2种方法有可能会因线材过粗，在纬纱行形成衔接结，但可以避免图案中出现缝隙。可以根据线材的粗细和不同图案的特点来选择更加适合的方法。

13 将线尾折向下方，以免其妨碍后续编织，然后便可继续享受编织的乐趣啦（图13）！

14 利用第1种颜色的线材完成32行纬纱的编织，仍使用同一种颜色编织第33行，然后在靠近这行结尾处更换为粉色线。建议换线位置至少与织边（最外侧经纱）相距数根经纱，这样可以令织边更加齐直整洁。范例展示了换线时的样子，注意2条线尾是如何在同一根经纱下方重叠的（图14）。

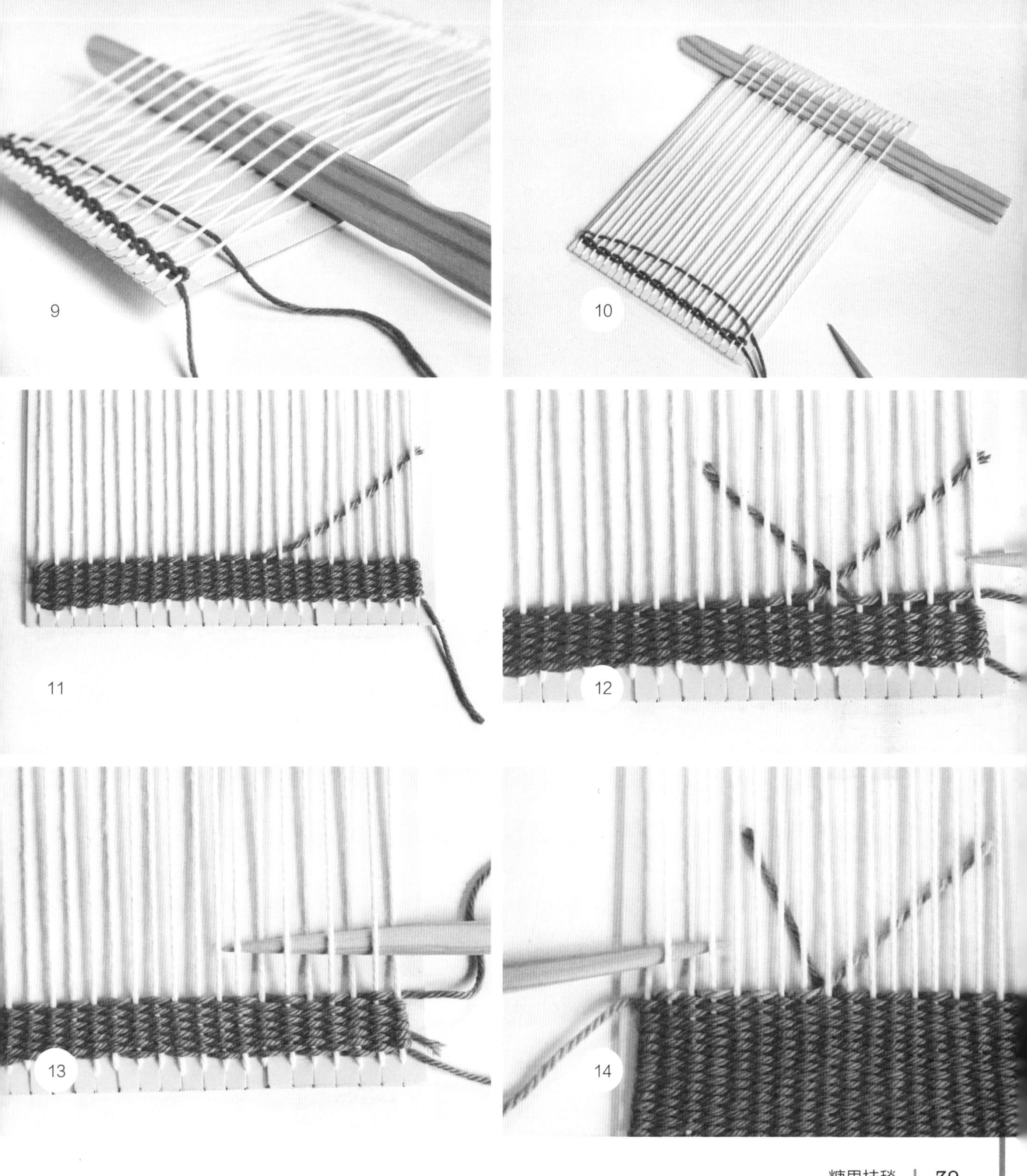
9
10
11
12
13
14

15 这一步模拟了当纬纱过紧时，会将外端经纱向内收拉，并最终导致织品变形的状态（图15）。如果在编织第1幅作品的中途，发现织品两侧开始向内收紧，无需感到失望。几乎人人都会在起步阶段遇到此类问题，这几乎已成为提升编织技能的一道关卡了。就让我们将其视作学习过程中的必修课吧。

16 粉色区域和亮橙色区域需各编织32.5行。在中心点终止最顶部纬纱行的编织并保留一段10cm的线尾（图16）。在使用硬纸板织布机时，建议在顶部保留约7.5cm的宽度不编织，以便在经纱线尾打结时拥有充足的空间来完成织品顶边的固定。在后续作品中我们还会探索其他收尾方法，最终选用自己喜欢的方法即可。

17 如果此时还没有卸下分纱杆，现在可将分纱杆卸下。沿织品顶边预留出至少7.5cm的距离，然后将经纱全部剪断（图17）。

18 将经纱两两一对打单结（图18）。如果经纱为单数，最后3根经纱归为一组打结，切勿最后留下单根经纱。注意所有单结均需紧贴最后一行纬纱顶边。如果拉拽得过紧，有可能会改变编织品的松紧度，导致织品变形，因此在打结过程中一定要小心操作。

19 在系完顶端的绳结后，轻轻将另一端的经纱从织布机上卸下，并按照顶部打结方法绑系线尾，将织品底端织边固定紧实（图19）。可以将较长的底端线尾修剪整齐，但不要修剪顶端线尾。

20 现在开始对织品背部进行整理。藏缝线尾的最佳方法是将线尾穿入一根小号缝针，然后如图所示，将线尾沿一根经纱向下穿缝（图20）。将线引出，但不要拉拽得过紧，以免造成正在收尾的纬纱行变形，然后将多余的线尾剪掉。注意只能在织品背部进行藏缝，切勿穿至织品正面。依照上述方法藏缝所有线尾。

另一种快捷却不够齐整的收尾方法是在线尾处系缓平结（gentle knots），但有时会出现剩余单根线尾的情况。此外，缓平结还会造成挂毯无法平贴在墙面或桌面上。尽管逐一藏缝线尾会令人感到浪费时间且枯燥乏味，但却会呈现出更加整洁的织品背面，谁会不喜欢清爽整洁的背面呢?

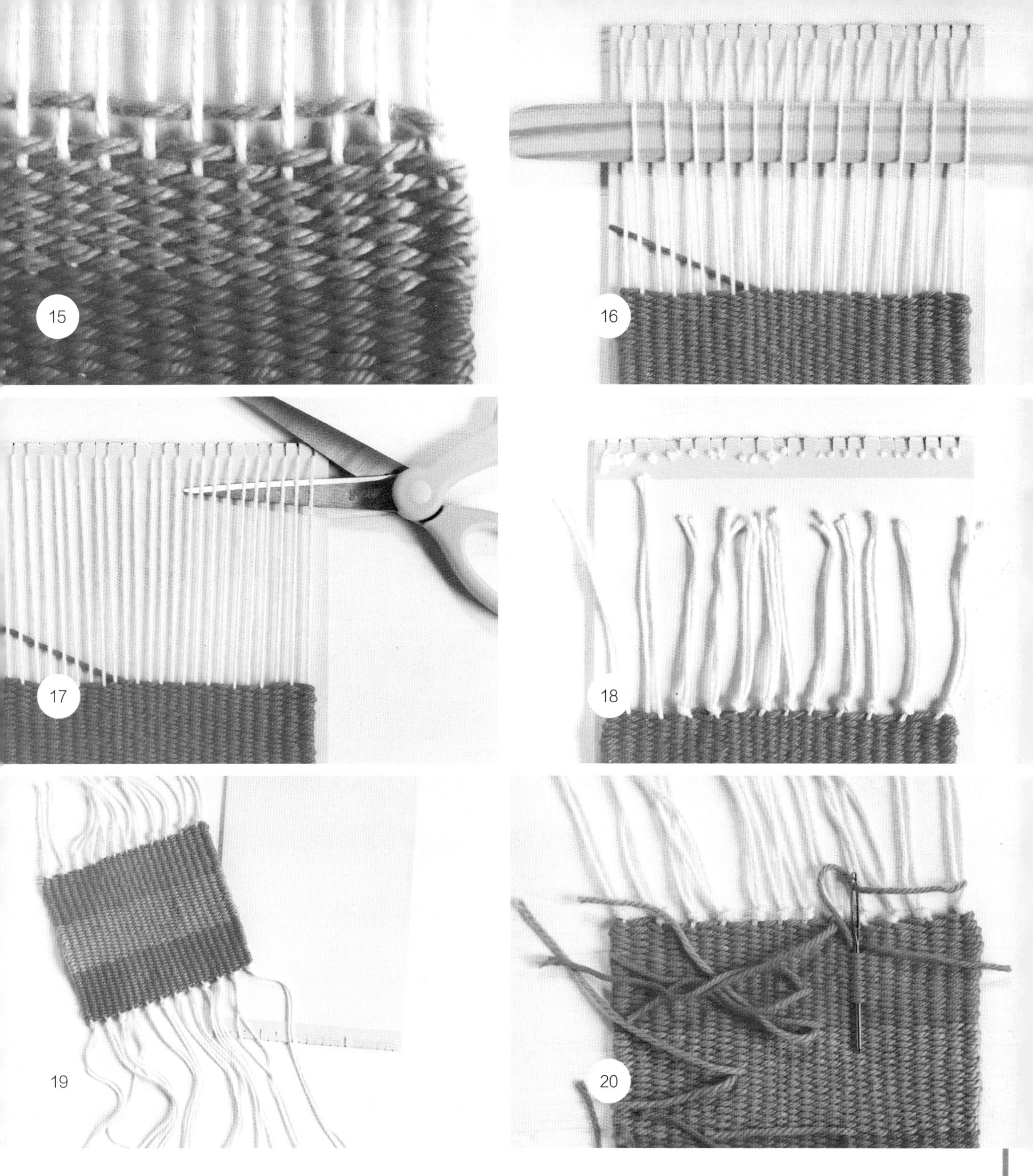
15
16
17
18
19
20

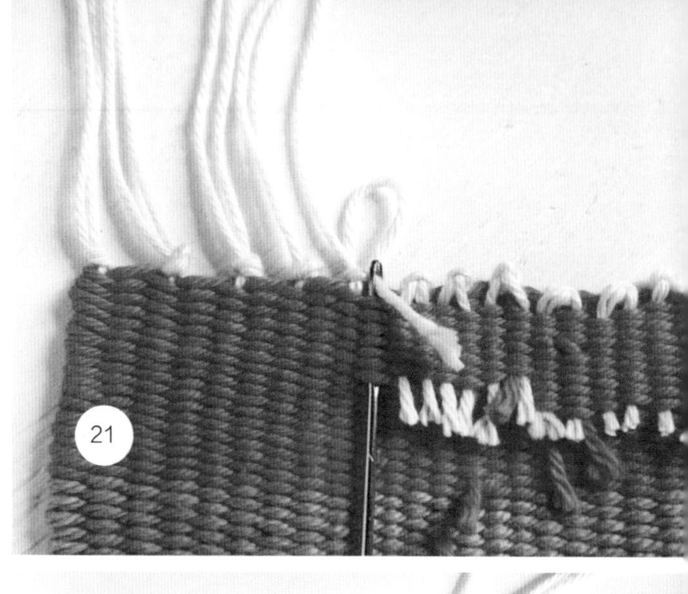

21 为了令织品顶边更加整齐，可将每一根剪断的经纱逐一穿入缝针，跳过第1行纬纱行，向下穿过织品背部的数行纬纱进行藏缝（图21）。跳过顶边纬纱行可令织品背部完整固定。同样，这种处理方法较为耗时，但如果跳过这一步，则会导致线尾松散混乱，使美丽的挂毯受到影响。

22 现在终于到了安装木杆的时刻！可以选用铜管、树枝、亚克力棒、废木条或任何足以承受织品重量的管状物作为挂杆。剪出一段经纱，长度约为挂杆长度的4倍，然后将经纱穿入缝针。将纱线从一侧最靠外的2根经纱间的绳结下方穿入，并在背部打一个结。然后将纱线在挂杆上缠绕一圈，缝针由第2组经纱间的绳结下方穿入（图22）。沿同一方向重复操作，直至穿缝最后一组经纱间的绳结。调整松紧度，使织品沿挂杆均匀垂挂，最后在背部打结。在每一组经纱间的绳结下方进行穿缝至关重要，因为当挂杆悬挂织品时，这些绳结将承担织品的所有重量。

23 再剪一段30.5cm~35.5cm的经纱，并在两端各绑一个环圈结（图23）。将2个环圈结分别套在挂杆两端，现在挂毯就完成啦！

恭喜完成了自己的第一件编织作品！当你能够灵活运用在后续作品中学习到的编织技法，你一定会为自己的创造力倍感惊讶！

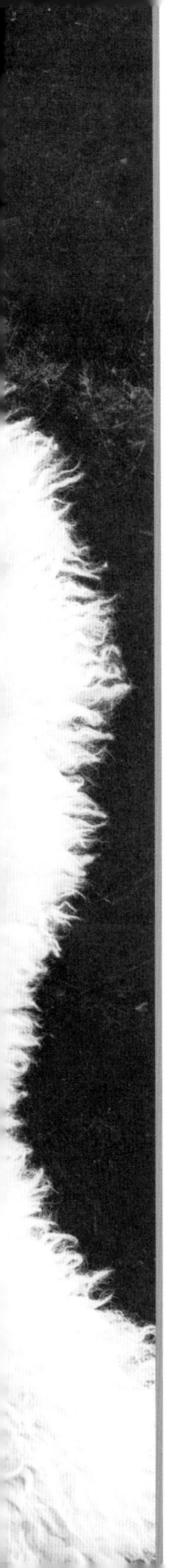

几何挂毯

学习如何通过加减经纱来塑造形状是为提升图案编织能力打下坚实基础所做的下一步准备。掌握这种技法会令你创作出来的挂毯更加充满趣味，尤其是当学会如何利用这些技法来实现自己渴望已久的作品时更是如此！

这款作品将讲解如何利用加减经纱的方法来添加形状、如何使用斜缝编织法（第2种换线方法）、有趣的花边缝，以及如何为简单的经纱织边添加更多趣味。以下所列材料与工具均适用于自制框架织布机，但也可以利用普通的硬纸板织布机来创作这款挂毯。

成品尺寸

19cm×43cm，包括流苏

材料与工具

框架织布机，38cm×61cm，设有底部横档

深绿色中粗精纺棉线，用作经纱和纬纱，22m

浅蓝色高粗羊毛混纺线，3.7m

薄荷绿色单股中粗精纺线，3.7m

赭黄色高粗羊毛精纺线，3.7m

荧光黄色单股中粗精纺羊毛线，4.6m

本白色中粗精纺棉线，5.5m

青绿色中粗羊绒羊毛混纺线，2.75m

3个木梭，20.5cm

分纱杆，30.5cm

编织梳

纸质占位板，5cm×30.5cm

木挂杆，20.5cm长

剪刀

准备木梭

在刚开始编织时，我以为自己根本不会多此一举地去使用木梭。我觉得将线剪为成122cm的长度，然后用织针或手指直接编织就蛮方便，并为自己秉持一切从简的原则而洋洋自得。然而到最后，我还是在编织一幅较大的挂毯作品时尝试使用了长木梭，这才发现利用木梭编织不仅可以节约时间，并且在完成编织后，作品背部留下的线头更少，大大减少了藏缝线尾的工作！

长木梭非常适合平纹编织，尤其是当需要填满大块区域时，短木梭则适于编织小块图案。在编织到经纬纱绷紧的区域，以及到挂毯收尾阶段，我仍会使用织针进行编织，但我强烈建议你购买第1套属于自己的木梭。至少需拥有3幅木梭，这样在编织作品时，便无需每次更换纱线颜色时都要重新从木梭上解下原来的纱线。

准备木梭的工作是指从线团上剪下所需长度的线材，然后将其缠绕到木梭上。如果需使用的线材种类多于手上所拥有的木梭数量，那么使用首先要使用的线材先缠好当前待用的木梭，编织至其他区域时再替换不同的线材。经过几次实践，便会掌握适当的缠线量。较粗的线材缠出的线轴也较大，如果缠线量过多，则木梭很难穿过梭道，因此在缠绕粗线时长度应短于普通线材。如果尚未编织完成一块区域便已耗尽缠好的线材，则需再次给木梭缠线。即便使用木梭，仍需藏缝线尾，但所需藏缝的线尾数量会大大减少。

1 利用深绿色棉线在织布机上缠绕经纱。环圈结套在左侧第6颗钉子上作为起点，一共需要在顶板上缠绕16颗钉子。将纸质占位板穿入织布机，并将其向上推至经纱中点位置。经纱的底部将用于编织流苏，因此底部不要进行编织。接着穿入分纱杆，并将其推至织布机顶端，以协助调整经纱的松紧度。

从经纱的右侧开始，用深绿色棉线平纹编织4行。我习惯于在织品内部、而非边缘进行收尾，因此我选择在第5行第2根和第3根经纱间将深绿色线向下穿并留出线尾。这样在最后完成所有线尾藏缝工作后，织品边缘会显得更加整齐（图1）。

2 将上一种线的收尾处作为起点，利用浅蓝色线在第3根和第4根经纱间开始编织。用手拿着木梭向左上角牵引，然后轻轻向左下角拉收，形成一道弧形。接着用手指或针状物向底部推压纬纱，最后利用编织梳整体向下梳理均匀。

反向编织时，将分纱杆向下推送几厘米，向上倾斜并撑起梭道。轻轻向上穿引木梭。形成一道弧形并封闭梭道。继续向下推压并梳理纱线，完成本行的编织。此时编织完成的这2整行浅蓝色纬纱将是整幅图案中仅有的2整行浅蓝色（图2）。

3 下面向左编织第3行，但在再次折返开始向右编织前，要跳过最后1根经纱不编织。这样，便在左侧减少了1根经纱（图3）。在编织这幅图案的过程中，每次向左编织时均需减少1根经纱，直到减至第8根经纱。

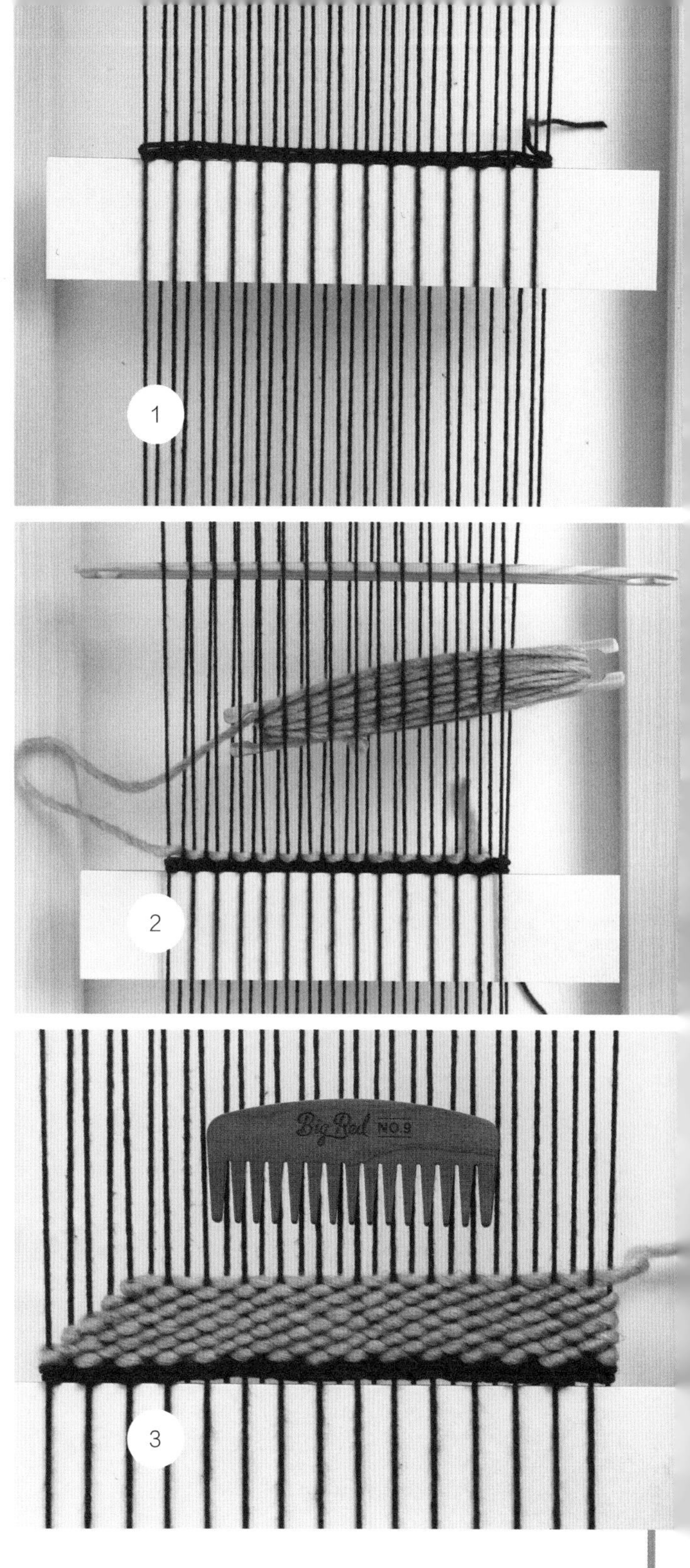

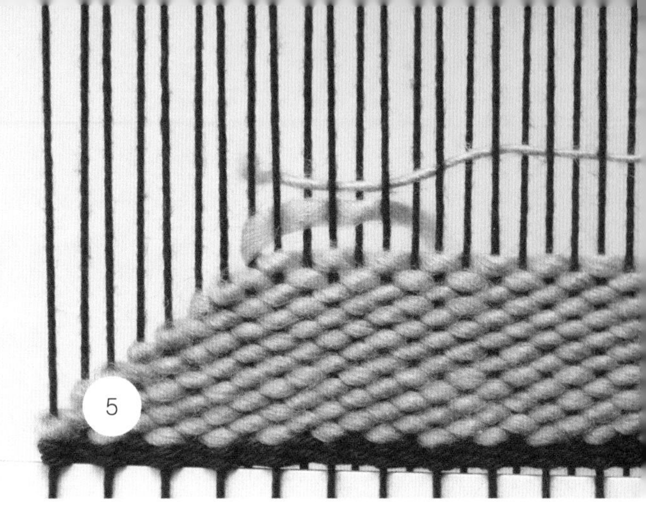

4 向右继续编织5根经纱后，保留一段线尾（图4）。

5 第2种换线方法是将2段线尾相互重叠。这种方法尤其适用于2种线材粗细不一的情况，因为此时经纱后侧的线尾交汇处空间有限。直接仿照上一段线尾将新加入的薄荷绿纱线重叠织入4根经纱，然后继续编织至织品边缘（图5）。

6 利用编织梳将上下重叠的2根线尾向下推压（图6）。这样2种颜色的纬纱看起来便完成了无缝衔接。

7 在编织下2行时，向左增加1根纱线。由于用来编织这一色块的线材没有上一个色块的线材粗厚，因此需要在同一根经纱上往返缠绕2次才增减1次经纱（图7）。这样才能确保编织完成的图案厚度一致。尽管我们无需要求不同线材的厚度保持一致（除非在编织几何图案时这点至关重要），但时刻提醒自己线材的厚度会对图案产生重要影响还是大有益处的。

8 编织后续的纬纱时，右侧减少1根经纱，左侧就同时增加1根经纱（图8）。想象一下将上一个色块调转方向的样子。仍是每往返缠绕2次进行一次加减经纱，直至回到左边最外侧经纱。该色块的形状应为平行四边形。

9 在完成最后一行薄荷绿色纬纱编织后，仍利用线尾重叠的方法加入赭黄色的纱线（图9）。

10 这种线的粗细程度几乎与第1个色块的线材相同，因此再重新调整为纬纱每在经纱上缠绕1次加减1次经纱。向右时增加经纱，同时向左时减少经纱，直至再次回到最右侧经纱处（图10）。此时可以看出，侧边空出的区域近似三角形，而不同色块整体看起来如同折叠的纸张。

11 织入下一个色块的荧光黄色纱线，注意根据这款线的规格，需要在经纱上往返缠绕2次加减1次经纱（图11）。

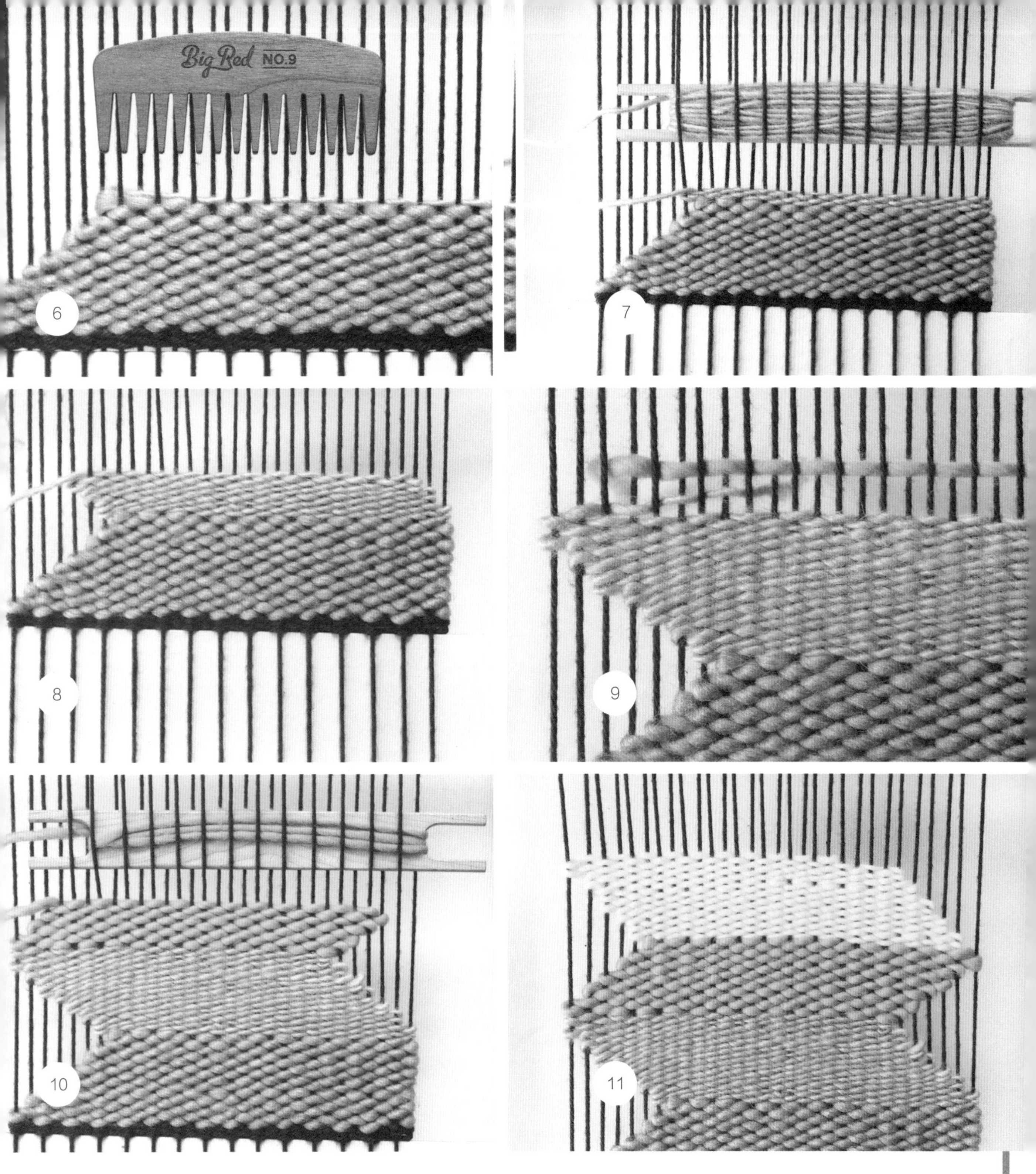
Big Red NO.9
6
7
8
9
10
11

12 利用本白色棉线，仿照最底部色块的形状完成顶部色块（图12）。也就是说，向左时直接编织至织品左边缘，向右编织时则逐渐增加经纱，最终完成的图案并非平行四边形。每在经纱上往返缠绕2次增加1根经纱。

13 现在开始填充空出的区域，剪出约122cm深绿色棉线，在最外侧经纱处绕2圈（图13）。我通常不喜欢在边缘经纱处起针，但图案要求如此操作，所以在藏缝线尾时需格外仔细。

在填充空出的区域时，会用到斜缝编织法。这种方法应用于在同一行纬纱上编织2种不同色块，2种色块相邻却不相连。斜缝编织法可以形成不同色块间的强烈对比。之所以称其为斜缝编织法，是因为这种方法会在织品中留下缝隙。当利用斜缝编织法沿不同色块的边缘进行斜向编织时，织品的架构是由2种色块同时支撑的，因而缝隙的影响不大。（我们将在另一件作品中采用竖缝编织法，届时便会理解在处理特定形状时采用相应方法的必要性。）

在填充空出的区域时仍需每在经纱上往返缠绕2次增加1根经纱。

14 继续编织，尽量保持各行间厚度的一致性。由于棉线较细，编织2行纬纱相当于粗线编织1行纬纱。在填充空隙的过程中继续加减经纱（图14），然后在织品最外侧经纱处缠绕2圈收尾，保留一段10cm的线尾。

15 填充剩余空出的区域。仿照底部图案，利用深绿色棉线在顶部加编4行纬纱（图15）。

花边缝

16 下面利用花边缝完成这款挂毯的收尾工作。花边缝是一种无须在顶部打结便可整齐固定织品的方法。编织时，我们无须在织品顶部预留足够的长度且最终成品看起来更加优雅。

这一步可以继续使用相同颜色的棉线，但为了更加清晰地展示织边的交叠关系，我改用了青绿色线。此处所需的线材长度应超过挂毯宽度的3倍（图16）。为了将织品固定紧实，需沿挂毯的横边整行进行花边缝。

17 如图所示，利用缝针从经纱后侧同时绕过2根经纱（图17）。

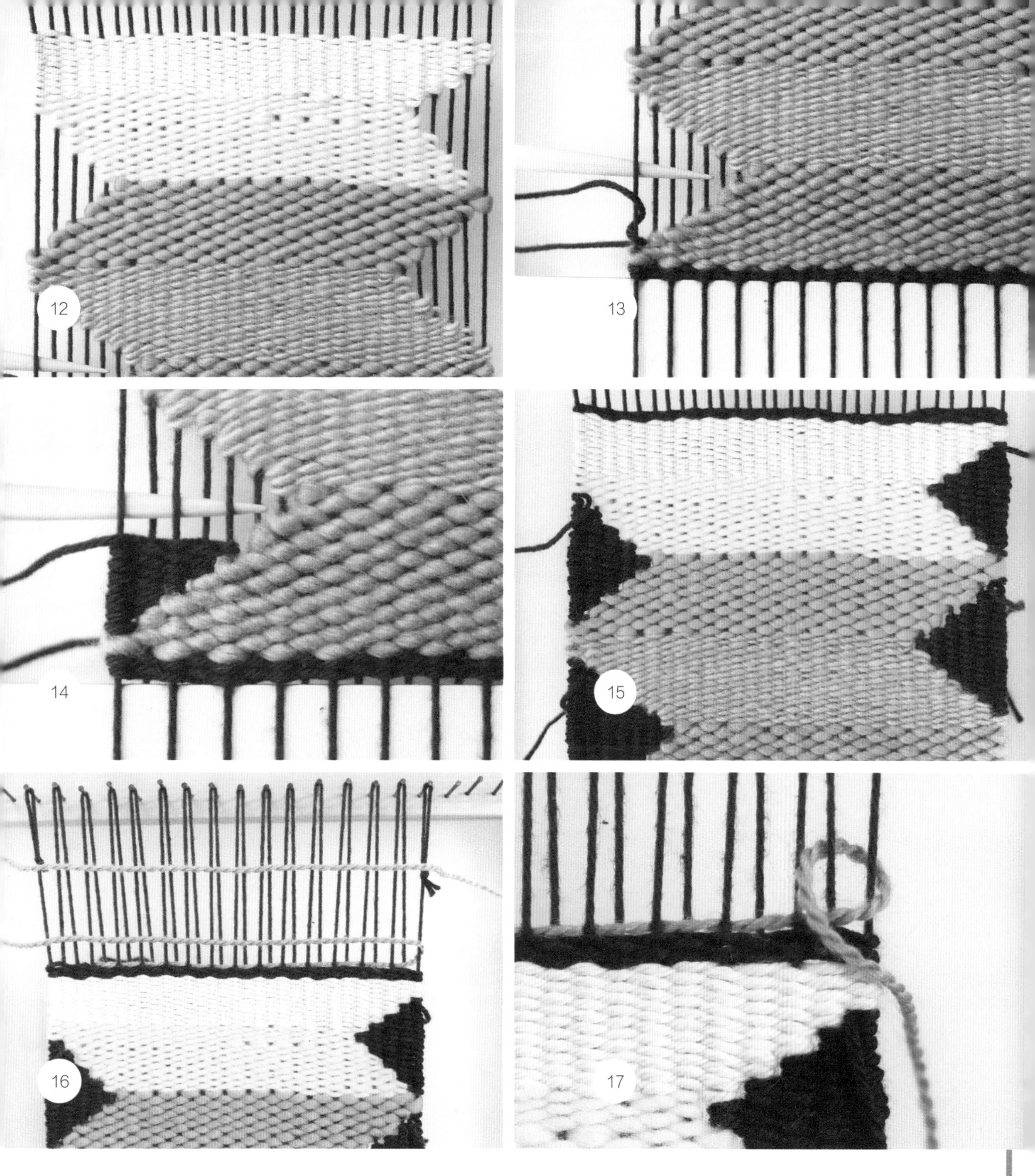
12
13
14
15
16
17

18 再次绕回2根经纱的前侧，之后将缝针由挂毯背部在第2根和第3根经纱间、从上向下数第4行纬纱处穿出（图18）。图中可以看到出针点在深浅2行纬纱之间。

19 将线引出，使其略微收紧，但注意不要引起挂毯宽度发生变形（图19）。这样便完成了首针的固定。

20 向上引针，从下2根经纱后侧绕出（图20）。

21 然后再从这2根经纱的前侧向后缠绕，以便从挂毯背部第4根和第5根经纱间、向下数第4行纬纱处入针（图21）。将线收紧固定。

22 继续照此操作。注意每针花边缝结扣处的松紧度应保持一致（图22）。

23 当穿缝至另一侧边缘时，缠绕最外侧2根经纱后回到挂毯背部，但这一次将针从第1个线环和2根经纱间穿出，打1个结（图23）。

24 按照相同方法再打1个结。保留一段10cm的线尾，以便在清理织品背部时统一藏缝（图24）。

25 小心撤出纸质占位板，并从织布机上解下经纱（图25）。

26 剪开底部呈环状的经纱，然后将经纱在贴近织品底边处打结（图26）。可以就这样完成作品，也可以再添加一道小花边，形成更加有趣的图案。这道花边会缩短流苏的长度，如流苏长度恰好满足需要，请谨慎考虑是否还要添加花边。

18

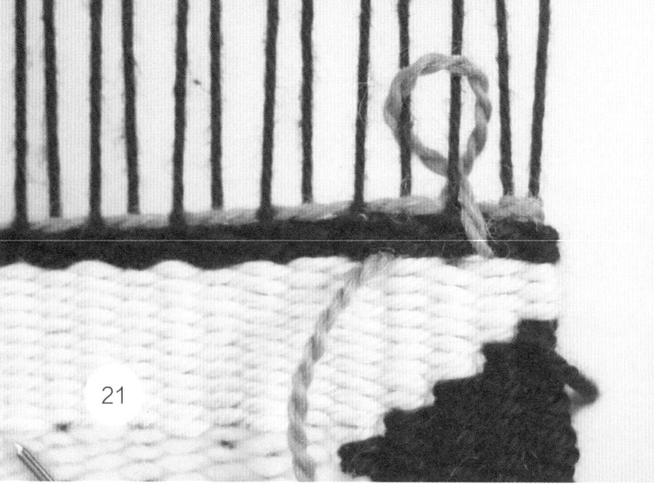
21

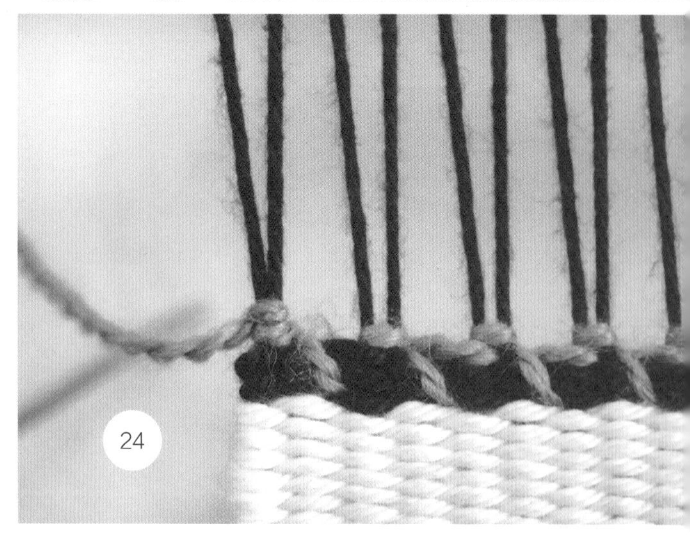
24

19
20
22
23
25
26

装饰花边

27 在添加花边时，需将每个绳结的2股纱线分开。然后将第1个绳结和第2个绳结间相邻的2根纱线并在一起，在向下约1.3cm的位置另外打1个结（图27）。

28 整行重复操作。注意检查每个绳结与上一行绳结间的距离应始终保持1.3cm（图28）。

29 第1根和最后1根纱线无法并入本行的绳结（图29）。可以按照相同形式再打一行绳结，也可以就这样完成作品。添加装饰花边只是为挂毯添加个性和趣味的一种简单方法。

无论是否添加装饰花边，最后都需按照第1款作品第40~42页所述方法，将线尾修剪整齐，同时藏缝所有线尾和顶部的经纱，使织品背部保持整洁。将挂毯穿缝在选定的挂杆上，自豪地展示作品吧！

现在你已掌握如何通过加减经纱的方法来塑造形状，因此可以开始创作更加复杂的图案，或在设计融入编织图案更加丰富的变化。

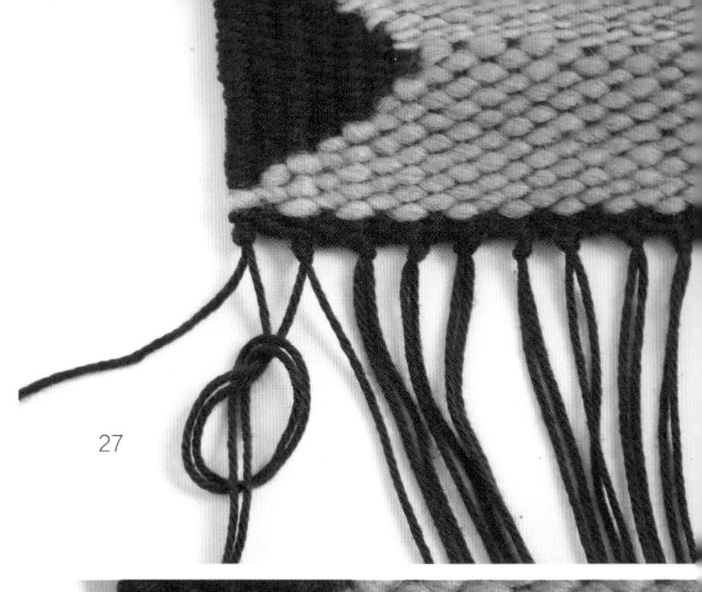
27

28

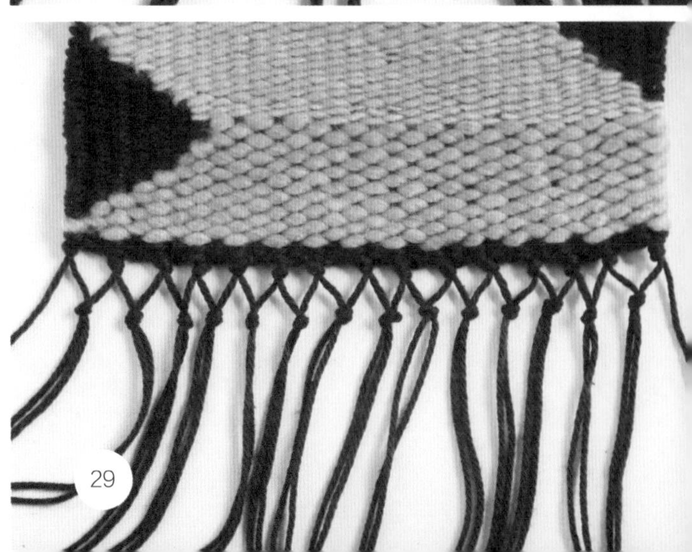
29

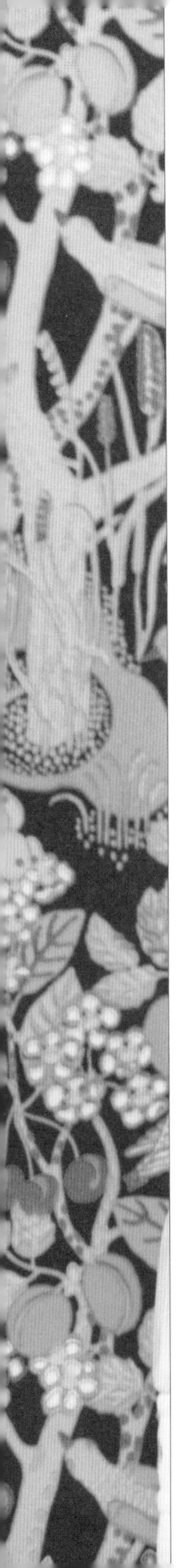

宝石挂毯

通过这款挂毯作品，可以学会制作层层叠叠的流苏装饰，以及如何编织三角图案，打造斜角流苏。每条流苏均是通过绑系里亚结制作而成的。里亚结源于斯堪的纳维亚语，指一种两侧凸起的绳结，普遍应用于编织传统地毯。修剪流苏的长度可以任意，也可以通过调整流苏的粗细来体验不同的装饰效果。美丽的流苏不仅可以为挂毯添光增彩，而且相互堆叠或覆盖在平纹织面上的流苏还可以丰富挂毯的层次感和趣味性。

成品尺寸

25.5cm×45.5cm，包括流苏

材料与工具

木质框架织布机，38cm×45.5cm

奶油色中粗精纺棉线，用作经纱，18.3m

暗金色中细羊毛线，82.3m

红色中粗精纺羊毛线，82.3m

粉色双股中粗精纺羊毛棉混纺线，64m

蓝绿色中粗精纺棉线，27.4m

奶油色中粗精纺羊毛线，16.5m

铜管，长度为30.5cm

分纱杆

织针，15cm

缝针，6.5cm

木质编织梳或叉子

纸质占位板，6.5cm×30.5cm

剪刀

1 利用奶油色棉线在织布机上共计缠绕38根经纱，穿入纸质占位板。利用蓝绿色棉线编织8行纬纱（图1）。这几行将作为第1行里亚结的支撑，最后从织布机取下作品时，还可起到固定经纱的作用。

里亚结

2 将暗金色纱线剪成61cm长的线段，用于制作底部的里亚结（图2）。每个里亚结取用7股纱线，对折成14股线。这款挂毯共包括38根经纱。每个里亚结系在2根经纱上，用38除以2，得到19个里亚结。因此，共计需要制作19个里亚结，每个里亚结由7股纱线构成，合计133股纱线，每股纱线长度为61cm。

如果各种计算听起来过于无趣，那么就直接剪取7段长度相同的纱线来绑系1个里亚结，直至里亚结覆盖所有经纱即可。最后要得到平直的流苏边，还需要对流苏进行修剪，所以制作过程中对经纱长度是否精准无需顾虑过多。如使用加粗线，可以适当减少用线量，因为每股粗线所占空间较大。反之，如果选用细绒线或蕾丝线，则需适当添加股数，以确保里亚结达到同等大小。

3 将7股纱线并拢置于2根经纱上方（图3）。在整行绑系里亚结时，我习惯从一侧开始逐一绑系，直至另一侧。如果不需要整行绑系里亚结，而是居中绑系一部分，则先找到位于中心的2根经纱，然后从中心向外绑系。

4 找到2根经纱的中间空隙，将7股纱线全部从右侧穿过中心空隙向上绑系，引线时切勿过渡用力，以免纱线的中心点发生位移。使纱线重新折回绕线前的方向（图4）。

5 仍围绕相同的2根经纱缠绕，握住左侧的7股纱线并将其同样从2根经纱间穿出，重新折回左侧（图5）。

6 轻轻拉拽绳结两端，将绑系好的线环收紧为整齐的结扣状。如果遇到单股或多股纱线过度松懈的情况，逐一轻拽各股纱线，以便确定过度松懈的是哪根纱线，然后轻收这股纱线，使其与其他纱线保持相同的松紧度。开始阶段，可能会多花一些时间来整理绳结，但很快便会操作熟练起来。一系，一收，完成！在将结扣整理好后，将其向下推送，使其紧贴上一行纬纱顶端（图6）。

7 沿织布机继续照此操作，直至纬纱行全部绑系好里亚结（图7）。先不要将底部流苏修剪整齐，建议还是等到整幅挂毯编织完成，在看过挂毯的整体效果后再动剪刀。

8 在添加第2行里亚结前，需要先利用蓝绿色纱线平纹编织54行纬纱，以提升图案基底的高度（图8）。尽管这部分编织可以选用手头任何颜色的纱线，但最好还是延续相同的颜色，以防基底颜色偶尔会从里亚结中露出。借助分纱杆、织针或木梭能够大大提升这部分编织的效率。切记一边编织，一边利用编织梳或叉子逐一向下推压纬纱行。

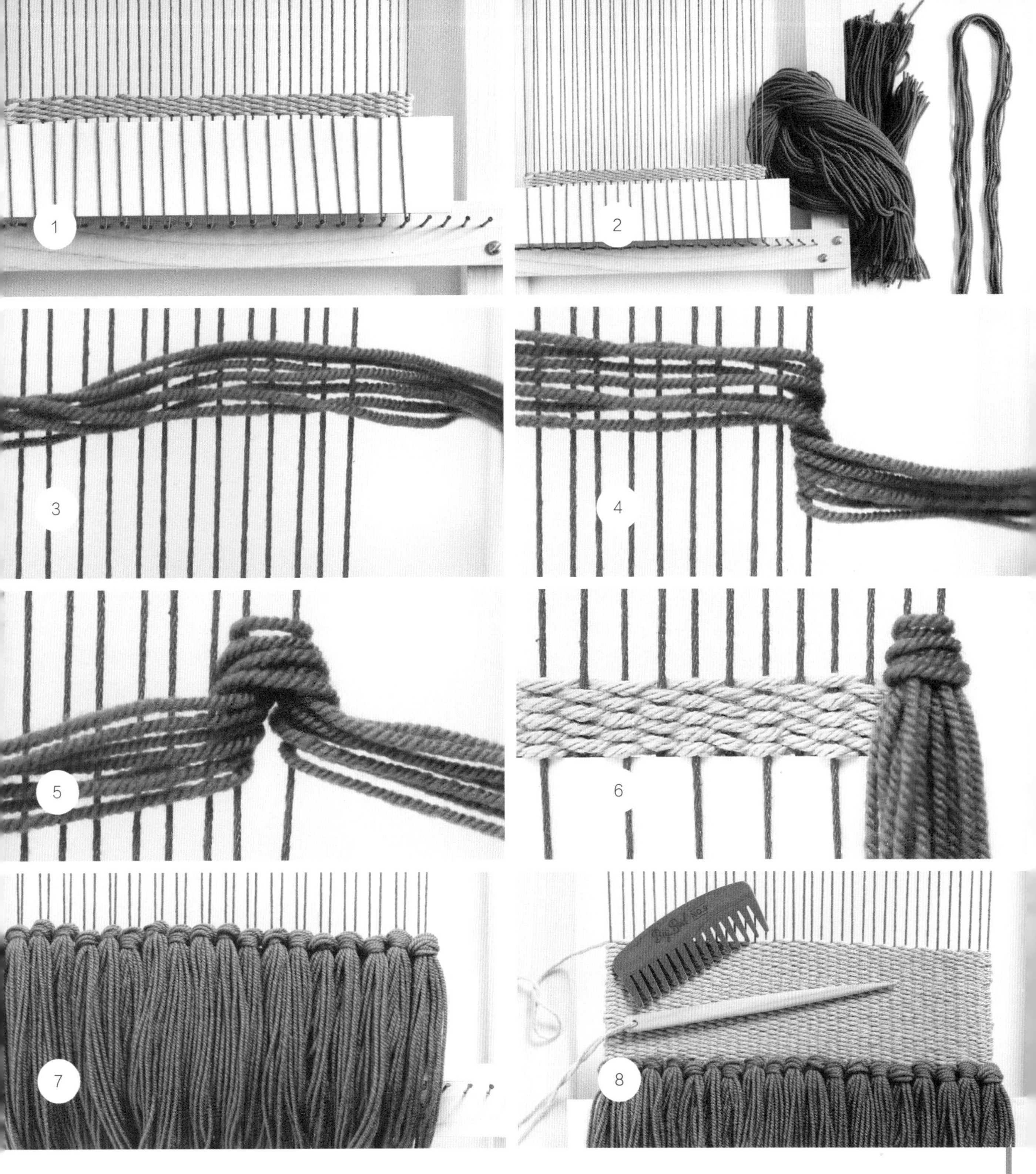
1
2
3
4
5
6
7
8

9 根据下一行里亚结的颜色需要剪取红色纱线，这行里亚结将覆盖新完成的平纹编织部分，以及底部里亚结的一半。针对这幅作品，每股纱线剪取长度应为53.5cm，每个里亚结同样由7股纱线构成。可以保持整行里亚结的流苏呈一条直边，也可以将其修剪为三角形，只要确保流苏拥有足够的长度去实现你的设计即可。继续沿经纱整行添加里亚结，一边绑系一边轻轻向下推压（图9）。

10 这一步的目的是继续根据图案增加基底高度，为添加下一行里亚结做好准备，但这一组里亚结会绑系成一个箭头状的三角形。为了塑造出这种形状，我们先利用蓝绿色纱线，沿经纱编织约5cm高的平纹基底。编织下3行往返纬纱时左右各减2根经纱。也就是说，下3行往返纬纱行将在两端各保留最外侧2根经纱不编织（图10）。

11 继续照此操作，每编织3行往返纬纱，便在两端各减少2根经纱。这样便会在织品两侧形成阶梯状图案，最终在经纱的中心点上汇合。在中心点位置上，围绕中心2根经纱重复编织3次。在2根经纱间收好线尾，然后将左右两侧图案调整均匀。

在后续作品中，仍会使用到这种方法在平纹编织图案中塑造不同形状。需要每隔1行还是每隔10行减少编织1次经纱，均可按需要决定。此外，既可以选择创作对称的图案，也可以只在一边减少编织经纱。还可以每隔3行往返纬纱便增加等量的经纱，这样便会形成倒三角图案。

下面剪取下一组里亚结所需的纱线，其长度应足以覆盖下方三角形的平纹基底，同时以三角形最高点为起点，能够向下覆盖住第2层里亚结至少5cm。针对这幅作品，每股粉色纱线应剪取的长度为30.5cm，每个里亚结由8股纱线构成。由于此款双股线略细，这样可以保持结扣大小一致。沿阶梯绑系里亚结，最终会形成有趣的尖头形状（图11）。也可以将其底部修剪为平直的流苏，但需要逐个绳结去测量长度。

12 继续沿阶梯三角形添加所有里亚结。稍后将流苏统一修剪整齐。注意要以两端最外侧里亚结为起点，逐一向上修剪（图12）。为了确保里亚结协调一致，所有绳结的修剪量应尽量相近。修剪绳结时，应将绳结逐一抬起，与其他线材相互分离，以免不小心将下层线材剪断。

13 选择你喜爱的颜色，以平纹编织法将剩余经纱区域填充完整。范例中选择了奶油色中粗精纺羊毛线，以突显亮色的主角地位。从右侧阶梯区域底部最外侧的2根经纱开始编织，先完成3行往返纬纱行，然后再增加2根经纱。

继续向上每隔3行往返纬纱便增加2根经纱，直至到达最高一个里亚结的顶部，可以整行编织为止。继续向下编织阶梯图案的另一侧，将所有空白区域填补充完整（图13）。

14 在向下填充至左侧最后2根经纱时，将线尾由两行间穿入，藏缝至织品背部（图14）。将纬纱行稍稍向上推动调整，以便为织针穿缝腾出空间。

9
10
11
12
13
14

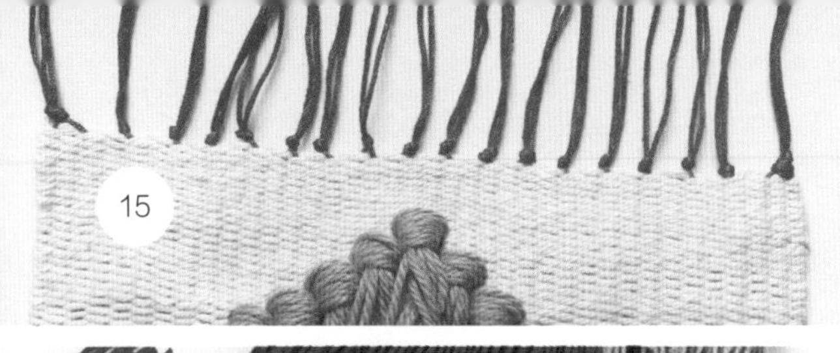

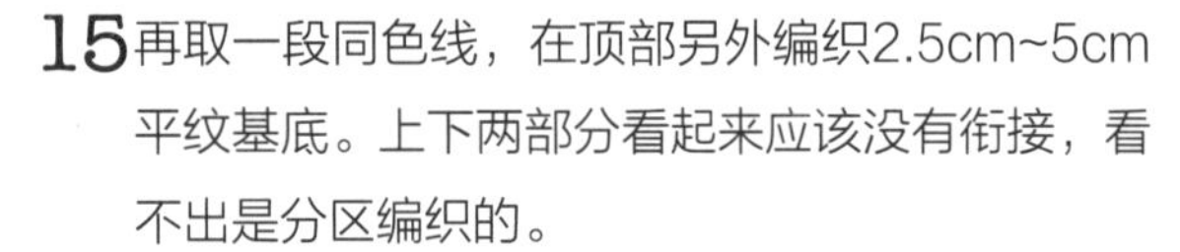

15 再取一段同色线，在顶部另外编织2.5cm~5cm平纹基底。上下两部分看起来应该没有衔接，看不出是分区编织的。

此时，纬纱行顶部与挂钉间应至少还有7.5cm空间。添加1行花边缝（第50页）为织品收边，使织边看起来更加整齐。从织布机取下织品时，尽量贴近挂钉剪断经纱，然后每2根经纱为一组打结（图15）。

如果织品与挂钉间距不足7.5cm，建议直接从挂钉上取下经纱，然后逐圈套在挂杆或铜管上。

16 先将底部经纱挂环从挂钉上小心取下，然后每2根经纱为一组打结固定，最后再取下位于织布机底部的纸质占位板（图16）。注意打结时应紧贴平纹编织的最底行，固定紧实。

17 将挂杆或铜管在挂毯顶端缝好固定，然后添加一根挂绳。

现在将织品悬挂起来，观察一下流苏的状态。利用手指或编织梳将纱线梳理顺直，然后根据需要进行修剪（图17）。我习惯于将织品挂在我家的门框上，这样便于根据直线检查织品从一端到另一端是否水平。也可以将挂毯平放在方形或长方形的桌面上，使织品底边与桌边对齐，然后利用桌边剪出直线。

18 这是织品背部的样子（图18）。按照第42页介绍的方法，利用7.5cm的缝针将织品顶部剩余的经纱线头向下沿顶部数行纬纱穿缝。平纹编织过程中剩余的棉线和羊毛线线尾也可以采用相同的方法藏缝，使成品看起来更加整齐。但也可以采用更加简便的方法，直接将线尾打结并剪掉多余的线头即可，前提是打出的绳结不要过大，以免在挂毯背部形成凸起，无法平贴墙面。这只是在时间紧迫或缺乏耐心时可供选择的一种快捷方法而已。

如果想要编织一件大幅挂毯，但又不想花费太多时间去刻画复杂的图案，那么这款宝石挂毯是一个理想的选择。

团团抱挂毯

利用无捻羊毛粗纱进行编织不仅速度快，而且体验独特。无捻羊毛粗纱是指已进行切割和梳理，但尚未纺捻成线的羊毛。这种材料通常呈长条状，约5~7.5cm粗，可用于制作毛毡，也可用于编织。无捻羊毛粗纱的质地极其柔软，人人都想蜷缩在里面睡一觉。这款织品选用了原色羊毛粗纱，当然也可以选用任何自己喜爱的颜色，或者还可以体验一下自己动手染色的乐趣。

羊毛粗纱可为挂毯添加丰富的纹理效果和层次感。既可以在局部利用它来分割织品的结构，也可以利用它填充全部经纱。以羊毛粗纱替代普通纱线来制作流苏，或将其直接穿缝在平纹基底上，添加足够夸张的装饰效果，同样是不错的选择。

成品尺寸

40.5cm×63.5cm，包括流苏

材料与工具

框架织布机，38cm×45.5cm

原色中粗精纺棉线，用作经纱，18.3m

原色美利奴羊毛粗纱，226.8~283.5g

薄荷绿色单股中粗精纺线，23m

琥珀色中粗精纺线，137.2m

奶油色超粗羊毛线，64m

铜管，37cm

纸质占位板

分纱杆

织针，15cm

缝针，7.5cm

剪刀

1 利用原色棉线在织布机上缠绕50根经纱，然后穿入纸质占位板。仍利用原色棉线平纹编织6~8行纬纱，协助固定挂毯底部（图1）。切记编织结束时在织品背部预留一段10cm长的线尾，以便最终完成挂毯后进行藏缝。

2 将琥珀色中粗精纺线剪成61cm长的线段。每个里亚结由8股线段构成，共需绑系25个里亚结。逐一绑系里亚结（第58页），轻轻下推，使其紧贴平纹编织基底最靠上的那一行（图2）。等到挂毯全部完成后再对流苏进行修剪，以打造更加齐整的造型效果。

3 利用奶油色超粗羊毛线整行绑系下一层里亚结（图3）。同样共计25个里亚结，每个里亚结由4股51cm长的线段构成。这一行的里亚结所需线段较少，因为与第1层里亚结所用的线材相比，这种羊毛线更粗。你也可以在2层里亚结之间通过添加平纹编织基底来提升高度，但示范中跳过了这一步，直接在第1行里亚结上方绑系第2层。同样，等到从织布机上取下挂毯后，再统一修剪流苏。

4 在右侧第1根和第2根经纱间穿入羊毛粗纱，以保持该区域边缘齐整。通常我会选择在距离侧边2根经纱的位置塞入羊毛线头，但由于这款作品下边已绑系了2行里亚结，找不到更宽的空隙，而我又不想将线头挤入下面2行里亚结，所以只能如此操作。

将羊毛粗纱缠绕最外侧单根经纱并从其下方绕回（图4）。由于在编织这款挂毯剩余部分时，需要每2根经纱打1个结，所以这里要同时缠绕3根经纱，以保证后续经纱成双数。这是整款作品中唯一同时绑系3根经纱的地方。利用羊毛粗纱每2根经纱进行一次编织，注意为结扣处的凸起和线环保留一定空间，以免过度挤压，造成经纱严重变形。

5 在绑系过程中，羊毛粗纱从经纱线下方穿过时一定要格外小心。过于用力的拉拽可能会刮损羊毛，造成织品表面出现断毛，不够平滑。我习惯用一只手推送线材，另一只手协助抬高经纱间的梭道。在这部分不建议使用分纱杆，因为需要花时间去整理羊毛粗纱在经纱间形成的凸起和线环。在织布机上编织时，可以尝试扭转羊毛粗纱或拉拽起不同大小的部分来塑造不同的效果（图5）。

6 当反过来向织布机右侧编织时，切记要选择与第1行纬纱相对的经纱，每2根为一组进行绑系（图6）。这样有助于固定挂毯的结构，尽管略为松散的编织会令这部分区域保有一定扭转的空间。还可以偶尔尝试一些变化，围绕4根经纱进行绑系，但频率不要过多，否则会影响到完整的结构。

记号线小贴士

设计特殊图案时，可以利用松松绑系的记号线来标注换线位置或帮助计算行数。在图3中，可以看到我用来标记中心经纱的记号线。在不需要标记时，直接将线剪断即可。

1
2
3
4
5
6

7 在编织到羊毛粗纱末端时，预留7.5cm线尾穿入经纱后侧（图7）。

8 按照常规方法，在同一根经纱下方交叠添加下一段羊毛，但此处需预留较长的线尾。现在将线尾向上拉引，参照上一段羊毛上下交替的顺序操作，之后在经纱后侧穿入一段2.5cm长的线尾（图8）。当向下推压时，这一行会与上一行融为一体，因此各凸起间不会出现奇怪的缝隙。在清理好线尾后，便可以继续围绕与下一行相对的纬纱继续上下编织。

9 在逐步缩减经纱，开始塑造沙漏形状前，先利用羊毛粗纱向织边方向编织2整行往返纬纱。在编织第3行往返纬纱时，跳过左右两端最外侧的2根经纱不编织，以实现收减效果，然后编织第4行往返纬纱时，跳过左右两端最外侧的4根经纱不编织（图9）。接着重复操作，分别跳过6根经纱和8根经纱不编织。此时便达到了沙漏形状的最窄处。编织下一行往返纬纱时，左右两端分别加编2根经纱。继续照此编织，直至重新编织到两端最外侧经纱为止。

10 轻轻向下推压编织好的纬纱行，使其与上一行贴紧，协助固定挂毯结构（图10）。利用中粗精纺线在两侧空隙处进行编织，一方面可以提升对织品的支撑力，另一方面也可以丰富织品的颜色。

11 在编织完成所有羊毛粗纱区域后，在织针中穿入薄荷绿色单股中粗精纺线，开始填补空白区域。在前2根经纱处加入线尾，快速编织10行或更多行纬纱，直至可以开始编织另外2根裸露在外的经纱。然后再前后编织约10行纬纱，或直至可以开始编织下2根经纱（图11）。继续加编下2根经纱，持续填充空隙区域，直至沿织品不断向上编织，开始需要收减经纱为止。

12 在加减经纱时，可以数出该区域的纬纱行数，也可以在填补空白区域的过程中盯住自己需要添加减的位置。在完成剩余编织后，预留一段10cm长的线尾穿入织品背部（图12）。

7
8
9
10
11
12

13 在经纱的另一侧重复相同的操作，填充好所有空白区域（图13）。既可以由上至下编织，也可以由下至上编织。在填充完成后，可以整体观察一下作品，用指尖轻轻调整塑形，使两侧均匀对称。

14 任选剩余的羊毛线或棉线穿入织针，紧贴羊毛粗纱顶部编织3行（图14）。将编织完成的各行向下推压紧实，但不要影响挂毯的整体形状。这样有助于从织布机上取下挂毯时不影响整体结构。

15 如果纬纱行顶端与挂钉之间保持约1.3cm的距离，可以将经纱套环小心地从挂钉上取下，直接挂在铜管上（图15）。经纱套环会紧贴铜管，使织品各行始终保持原有形态。如果间距不足，则直接取下经纱套环，然后围绕铜管或计划用作挂杆的其他材料进行花边缝。

下面取出纸质占位板，将底部经纱绑系单结，使其紧贴纬纱行底部。继续藏缝线尾并轻轻收紧过于松懈的羊毛粗纱，对织品进行全面修整。最后才是修剪挂毯层层流苏的最佳时间。

用棉线绑系好挂绳，尽情欣赏自己的大作吧！

13

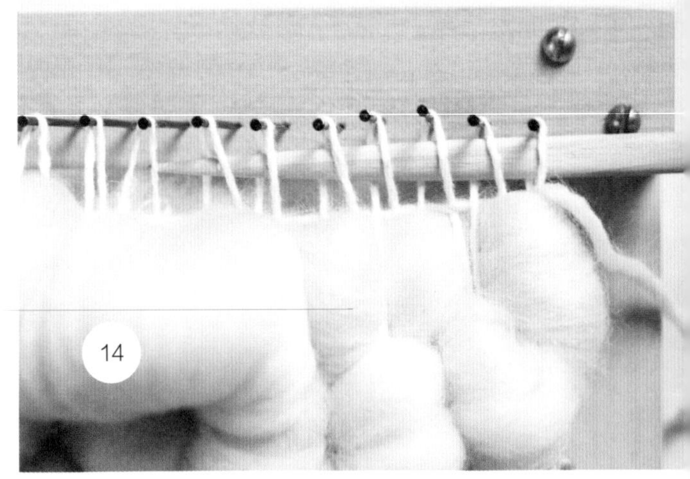
14

15

带条挂毯

里亚结的作用并不仅限于塑造整齐的织边，这款作品将展示如何利用里亚结来填充经纱，打造出极具质感的浮雕效果，为自家的墙面添加不可思议的趣味纹理。

在设计里亚结编织图案时，首先要考虑希望纱线以怎样的形态来呈现。将较长的流苏安排在下方，较短的流苏安排在上方可以节约线材，当然也可以在完成整件作品后再统一修剪线束。还可以通过编织抽象色块营造出动感与韵律，或者利用简约的直行编织展现截然不同的视觉效果。这款挂毯是同时演练纹理、色彩和整体轮廓的绝佳之选。

成品尺寸

30.5cm × 58.5cm，包括流苏

材料与工具

框架织布机，30.5cm × 40.5cm

单股奶油色中粗精纺棉线，用作经纱和纬纱，10m

单股奶油色超粗羊毛线，27.4m

单股深蓝色超粗羊毛线，9.1m

双股单纱灰蓝色中粗精纺羊毛线，18.3m

链状双纱浅灰蓝色中粗精纺亚麻线，9.1m

双股浅绿色中粗精纺线，13.7m

单股 / 双股浅绿色中粗精纺线，13.7m

单股薄荷绿色中粗精纺线，4.6m

单股原色中粗精纺羊毛线，4.6m

铜管，1.3cm × 23cm

纸质占位板，5cm × 30.5cm

分纱杆，30.5cm

木梭，20.5cm

缝针，7.5cm

剪刀

1 利用原色中粗精纺棉线在织布机上缠绕23根经纱，穿入纸质占位板，平纹编织8~10行纬纱，初步支撑起整体架构（图1）。挂毯完成后将无法看到此时编织的基底部分，因此选用何种颜色的线并不重要。

2 利用原色超粗线剪取里亚结所需线段，每个里亚结包含6~8股，每股长度为45.5cm~61cm，这样编织的流苏层格外厚实浓密，可打造出有趣的浮雕效果，你还可以在最底层添加一些超长的流苏，然后随着向上编织缩短流苏长度。取一组线段，将线段中心点置于2根经纱上方，分别向两侧缠绕，然后重新引回织品上方。此处并不要求在经纱上均匀绑系里亚结，但进行较明确的分区可以实现更好的视觉效果。

利用原色超粗线编织的第一个色块将会遮盖住经纱的右下角，第1行纬纱包含8个里亚结，第2行纬纱包含6个里亚结，第3行纬纱包含5个里亚结，第4行纬纱包含2个里亚结（图2）。

3 可以沿经纱一个挨一个逐层向上添加里亚结，但这样各经纱间便会缺少支撑，造成整幅挂毯的结构不够紧实牢固。为了避免出现此类问题，可在经纱上交叠绑系里亚结，甚至不时跳过1根经纱。只需注意不要在最外侧留下单根经纱，否则会影响成品的美观度。另一种方法是横向编织不同色块，然后每7.5cm左右编织2行或4行平纹基底。这种方法可以确保挂毯拥有牢固的结构。

下面剪取深蓝色里亚结线段，每个里亚结由3~4根线段构成，每根线段长度约为35.5cm。在紧贴原色里亚结的第1行纬纱行上添加2个里亚结。接着取3~4根深蓝色线段，每股长约71cm，紧贴第1行纬纱行上任一深蓝色里亚结上方添加另一个深蓝色里亚结。在相邻位置继续添加第2个深蓝色里亚结，但纱线剪取长度改为51cm。这个里亚结应位于第1行纬纱行上另一个深蓝色里亚结的正上方（图3）。稍后再对流苏进行修剪，使其更具变化。利用原色超粗羊毛线将前2行纬纱行剩余部分填满里亚结。再利用各种颜色和纹理继续填充纬纱行。

4 添加里亚结时还有一种更加快捷的方法，就是剪取一段较长的纱线，然后将其对折或三折。这样比较节省时间，因为不需要分别剪取纱线，最后再统一修剪即可。范例中选用了单纱灰蓝色中粗精纺线（图4）。

5 先添加里亚结，然后再剪断线环，使线环下层略长于上层，上下形成分明的层次感（图5）。

6 按照这种方法剪切线环，添加一些厚实的流苏层（图6）。

7 一边沿经纱向上编织，一边变化里亚结的长度和厚度（图7）。在挂毯的某个特定色块，可以根据厚度需要，调整单个里亚结所含的纱线股数。在选用较细、较轻薄的纱线时，用线量可能是粗线的2倍，才能达到较厚实的效果。如果喜欢更加精细纤薄的效果，也可以减少纱线的股数。此外，通过纱线规格的变化，也可大大提升挂毯的趣味性和纹理效果。

8 利用浅灰蓝色中粗精纺麻线，以平纹编织法填补空隙处，丰富挂毯的层次感（图8）。这样不仅可以进一步加固织品的结构，而且还可以令织品的纹理更加丰富，更具趣味。

1
2
3
4
5
6
7
8

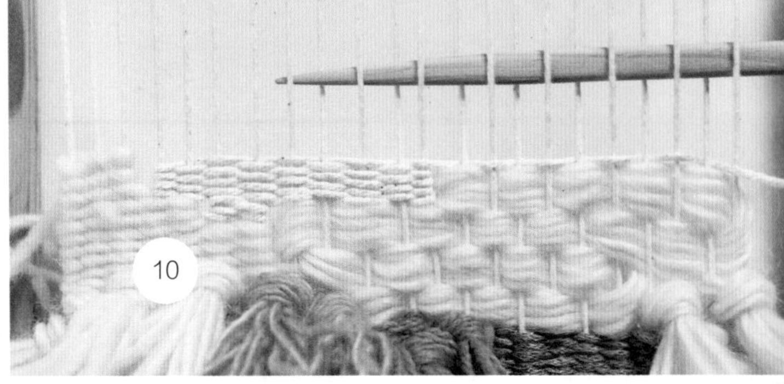

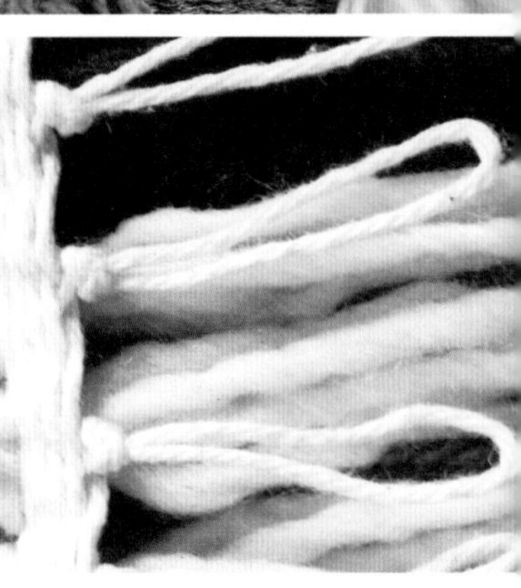

9 在左侧利用羊毛线编织一块抽象派区域，然后用一组原色羊毛线填充右侧区域（图9）。也就是说，此处需要同时使用多股线进行编织。由于多股线很难同时穿入缝针，所以这个区域建议改用木梭进行编织。

10 利用原色棉线完成织品顶部的收尾工作。填充所有空白区域，继续跨越所有经纱横向编织数行，进一步加固挂毯的结构（图10）。

11 剪断经纱并在织品背部藏缝。固定织品顶边的方法可以选择花边缝，也可以将经纱两两一组，紧贴最后一行纬纱打结（图11）。

12 取下纸质占位板，将底部经纱紧贴织品末端第1行打结（图12）。

13 绕着选定的挂杆钉缝挂毯，然后将其挂在自己最喜爱的角落。当把作品悬挂起来，便可以观察出哪些里亚结还需要进行最后的修剪。

我非常喜爱这种纱线喷涌而出的造型效果。这款织品制作起来非常迅速，如果希望编织一件具有强烈视觉效果，但又不会占用整个周末的作品，那便可以选择这一款。与此同时，如果家中有不少库存的余线或者编织其他作品剩余的线头，那么这款作品将成为消耗线材的绝佳途径。

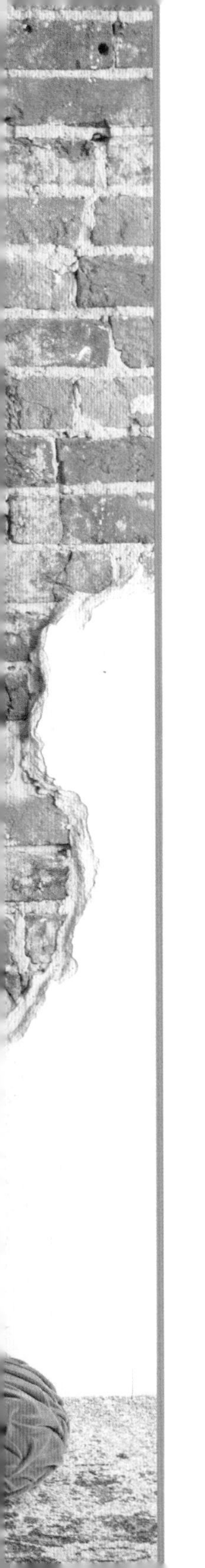

午夜星辰挂毯

现在你是否已具备充足的勇气来挑战难度更高的作品呢？这款作品综合利用了前面学到的各项技法，例如：平纹编织法、塑形方法、里亚结编织法、分层法和花边缝，并将所有这些方法进行了升级。除此之外，还能学习到如何利用环圈编织法和苏迈克针法为挂毯添加更丰富的质感和层次。2 种技法任选其一便会令设计的趣味盎然，而且这 2 种技法还富于变化，可以适用于各种不同的编织风格。如果此前便已掌握这 2 种技法，那么我们还将学习如何在塑造不同形状的过程中将纬纱行互联。注意！奇思妙想即将喷涌而出！

成品尺寸

33cm × 58.5cm，包括流苏

材料与工具

框架织布机，45.5cm × 61cm

奶油色单股中粗精纺棉线，用作经纱，31m

薄荷绿色单股中粗精纺羊毛混纺线，39.3m

奶油色单股中粗精纺棉线，用作纬纱，82.3m

琥珀色双股中细羊毛混纺线，用作纬纱和流苏，27.4m

深绿色双股细羊毛线，64m

浅灰蓝色单股蕾丝羊毛线，53m

奶油色双股中粗精纺棉线，57.6m

奶油色单股超粗羊毛线，45.7m

蜜糖色单股超粗羊毛线，1.8m

珊瑚色双股中粗精纺棉线，9.1m

蔓越莓色双股中细羊毛线，3.7m

本白色驼绒粗纱，7g

挂杆或笔杆，6mm

铜管，35.5cm

纸质占位板，5cm × 66cm

木梭，30.5cm

木梭，20.5cm

编织梳

木制编织针

织针，20.5cm

缝针，7.5cm

剪刀

1 按照前面介绍的方法，利用奶油色棉线在织布机上缠绕50根经纱，注意确保起点和终点的环圈结均挂在织布机顶框上。将纸质占位板穿入并轻轻推送至织布机底部。仍使用同款纱线，平纹编织6行（图1）。

2 利用里亚结绑系的流苏塑造出独特的轮廓，宽度应窄于经纱的总宽度。每个里亚结由5股薄荷绿色纱线构成，每股纱线长度约为61cm（第58页）。从中心2根经纱开始绑系，分别向两侧拓展，直至完成13个里亚结。

利用平纹编织填充经纱右侧的所有空白区域，直至达到与里亚结相等的高度。然后沿经纱向左侧横向编织一整行，直至达到左端最外侧经纱。此处需利用织针小心向下填充空白区域，因为木梭不便于穿越部分张力较紧的区域。轻轻向下推送各纬纱行，使之与里亚结保持齐平（图2）。

这一步也可以根据个人习惯，在完成整行编织后便剪断纱线，预留线尾。然后重新用1根纱线由下向上编织至线尾处，再利用编织梳轻轻向下推压顶部纬纱行和线尾。

3 在开始添加下一层里亚结前，先平纹编织约5cm纬纱行，提升基底的高度（图3）。

4 利用深绿色纱线，在经纱两侧各添加7个里亚结（图4）。每个里亚结包含10股纱线，每股长度约为33cm。这款线属于细绒线，非常纤细，刚好与下方较粗的羊毛线形成鲜明对比。

5 利用不同规格和颜色的纱线在中心区域填充里亚结。范例中选用琥珀色纱线绑系了11个里亚结，每个里亚结包含6股51cm长的纱线（图5）。注意确保此处的里亚结比两侧的里亚结略长，但比下方的里亚结略短。可以稍后再对其进行修剪，因此暂时无需做过于细致的处理。

6 同样，在绑系下一层里亚结前，先利用木梭和奶油色棉线平纹编织5cm的纬纱行，提升基底的高度。

现在为此处的3个里亚结剪取纱线，每个里亚结由30股浅灰蓝色蕾丝线构成，每股线的长度约为71cm。在经纱上居中绑系这3个里亚结（图6）。如希望体验更有趣的视觉效果，也可以绑系较粗大的里亚结，但每个里亚结间需跳过1根经纱，以便为里亚结留出一点舒展空间，避免经纱变形。此处的里亚结长度应比第1行略短，但要长于下方相邻的里亚结。这些层叠交错的流苏装饰会营造出视觉上的动感，令这款织品现在看起来就颇为惊艳。

1
2
3
4
5
6

7 利用奶油色双股中粗精纺棉线绑系更多里亚结，填充两侧（图7）。随着向上编织，选用的颜色也逐渐变浅的颜色，在视觉上形成一种放松感。此处每个里亚结包含7股纱线，每股长度约为30.5cm。稍后，这一层将部分修剪为尖角状，部分保留直边。

环圈编织法

8 在为图案添加环圈前，先利用奶油色超粗线在里亚结和环圈间平纹编织4行纬纱行作为基底。

这一步需要准备1根管状物，例如挂杆、织针或笔杆。利用奶油色超粗线松松地编织1行纬纱行，在前2根经纱间轻轻提拉纱线，将其套在挂杆上。然后轻轻提拉下2根经纱间的纱线，与前一个环圈保持相同方向，套入挂杆。继续照此操作，轻拉每2根经纱间的纱线并将其套在挂杆上，直至里亚结处。调整纱线，使其形成均匀挂套的环圈（图8）。暂时不要将挂杆取下。

9 将纱线绕过1根经纱，然后再调转方向平纹编织1行纬纱行（图9）。

10 向下推紧平纹编织行，使其紧贴环圈行（图10）。

11 将挂杆从环圈中轻轻退出（图11）。利用编织梳将平纹编织行向下推压，确保环圈被牢牢固定。平纹编织2行纬纱行，形成基底，同时也为环圈行留出一定的空间，也可以在环圈行间仅保留1行平纹编织。如果不保留任何平纹编织行，那么只要稍加挪动，环圈便会滑散，你一定会为之抓狂。相信没人喜欢不受管束的环圈吧！

12 继续添加环圈，但这一行环圈需少编织2根经纱，继续编织平纹编织行时，宽度应与环圈行宽度保持一致（图12）。

环圈编织法小贴士

可以采用多股线来编织环圈，提升填充区域的厚重感。此外，还可以通过改变挂杆和类似工具的粗细程度来调整环圈的大小。

7
8
Big Red NO.9
9
10
11
12

13 在两侧整齐地添加一段段环圈行，逐行递减2根经纱，为挂毯中心区域更有趣的图案留出空间（图13）。

苏迈克针法

苏迈克针法既可以用来填充挂毯的大片区域，也可以仅用于为小片区域带来变化。需要注意的是，这种针法每厘米的耗线量要大于常规编织法，因为在朝着某个方向编织的过程中，纱线需要前后反复穿梭。可以将这种针法类比于反向的布鲁斯-斯普林斯丁针法，即向前2步，向后退1步，这与鲍斯针法不同。在范例中我做了些许变化，实际采用的编织方法是向前4步，向后退2步。

14 先剪取一段91.5cm长的蜜糖色超粗线，将其穿入缝针。将线尾由第2根和第3根经纱间穿入（图14）。稍后再将其进行固定。

15 线尾向下弯折至环圈区域。织针从左向右，由经纱上方跨越4根经纱，穿至经纱后侧，从下方绕过2根经纱（图15）。

16 轻轻将线引出。在前后缠绕的过程中，应避免经纱发生变形，所以应尽量令纱线保持微微松弛的状态（图16）。当对这种技法熟练掌握后，便可根据需要进行调整。

17 以出线的位置为起点，再次向右越过4根经纱，然后将纱线穿至经纱后侧，向左从下方跨越2根经纱（图17），轻轻将线引出。

18 重复操作（图18）。

19 继续向前缠绕4根经纱，向后缠绕2根经纱，直至达到指定经纱位置（图19）。如果最后没有剩余4根经纱，而是仅余3根经纱，也没有关系。此时无需向后缠绕2根经纱，而是围绕最后1根经纱缠绕1圈，以调转方向即可。如果继续反向编织另一行苏迈克针，织品最终会呈现麻花状或人字纹图案。当然也可以选择反向平纹编织1行基底。

20 由于在编织上一行苏迈克针时用光了纱线，我便模仿上一段的图案，在左侧的经纱上向前缠绕2根经纱，向后缠绕2根经纱，使之与前一段纱线保持一致（图20）。

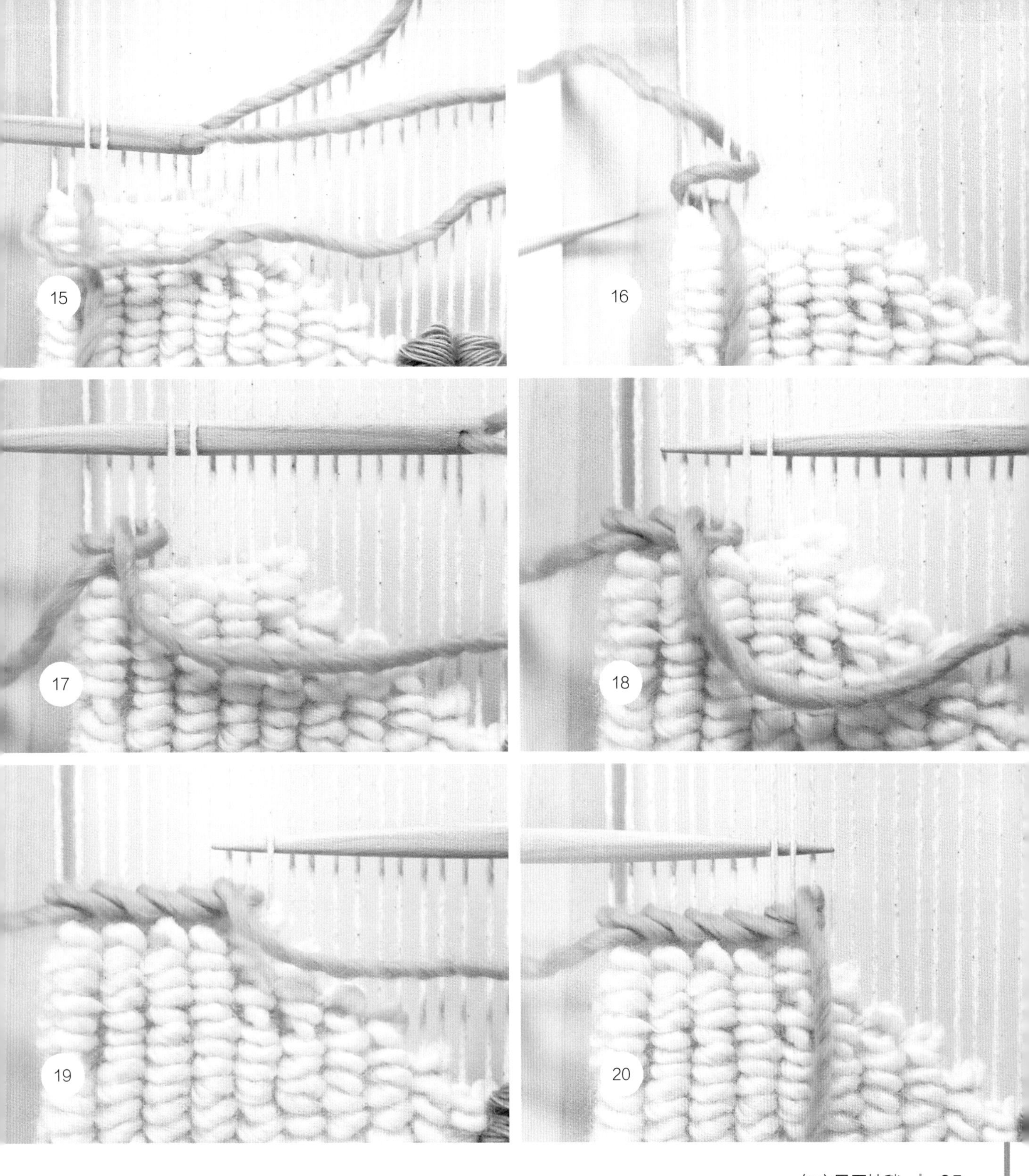
15
16
17
18
19
20

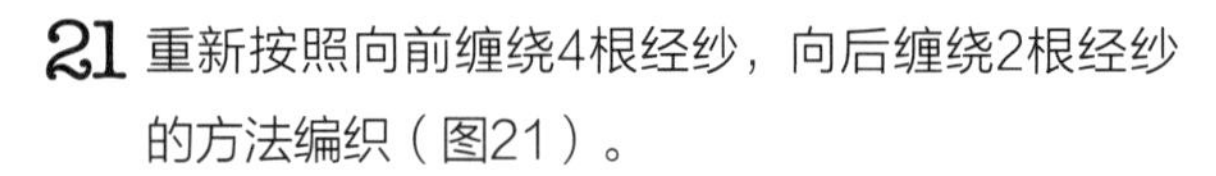

21 重新按照向前缠绕4根经纱，向后缠绕2根经纱的方法编织（图21）。

22 这幅图可以更清楚地看到图案（图22）。

23 为了让彩色区域显得更加厚重，可以再多编织2行苏迈克针。在继续向前编织前，将最外侧2根经纱视作单根经纱，围绕它们缠裹2圈。为了与第1行苏迈克针保持相同图案，需将纱线越过下2根经纱，然后再绕回这2根经纱下方，以重新回到常规的编织顺序上来（图23）。

苏迈克针在更换编织方向时会比较容易出错，但用不了多久就能掌握正确的方法。

24 这样便完成了整个色块，共计6行苏迈克针的编织（图24）。将线尾向后缠绕并利用藏缝法固定在织品背部（第40页第20步）。

25 在另一侧经纱上重复操作（图25）。

26 利用珊瑚色棉线，采用斜缝编织法（第50页）填充底部空白区域。这一次的倾斜角度略小。可以看到棉线和环圈羊毛线之间形成的区域。不过每隔数根经纱便斜向编织一次，依旧能为织品提供足够的支撑。共计填充12行珊瑚色线，然后将线尾置于一旁待用。

下面开始利用蔓越莓色线塑造星状图案，先在珊瑚色区域居中的12根经纱上平纹编织1行纬纱，然后每编织2行纬纱在两侧各递减1根经纱，直至仅余2根经纱。这样便形成了图案底部的三角形。接着，先向右平纹编织10根经纱，然后再调转方向，向左编织22根经纱。这是图案的第2层，每编织2行纬纱在两侧各递减1根经纱，共计减编7次（图26）。

27 在完成图案剩余部分后，反向操作编织出对称的图案。尽量保持各行均匀舒展，尽管目前编织完成的形状难免会在周边的空缺区域间浮动（图27）。

色块互联法

28 现在开始利用珊瑚色棉线沿蔓越莓色块方向继续编织，此时不仅要缠绕与蔓越莓色块相邻的经纱，而且还要穿过蔓越莓色块回针的线环（图28）。正如范例中蔓越莓色块起点所示，线尾所在的经纱不计在内，因为这根经纱上没有可以互联的线环，只有1根线尾。如遇这种情况，需按照常规斜缝编织法继续编织。

23
24
25
26
27
28

29

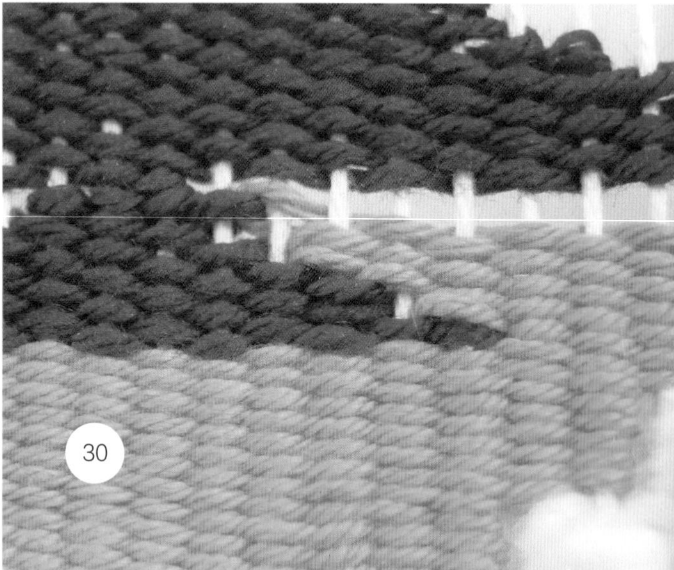
30

31

29 向右侧平纹编织，然后再反过来向左编织。每次遇到蔓越莓色块的线环时，便穿过线环，然后再根据个人习惯，从上方或下方缠绕经纱均可（图29）。

30 如图所示，2个色块的纬纱行在经纱间实现了互联（图30）。由于这种互联方法会令图案的线条发生细微变化，因此衔接纹路会不够分明，但却令织品更加紧实，为整体结构提供了充足的支撑。这种方法尤其适用于细线编织，例如范例中所选用的线材，因为这样衔接点上不会出现过大的结扣。为了额外穿缝这一针，只能放弃木梭，改用缝针，因而会多花费一些时间，但先把这种方法记下来，为以后更具创意的设计做好储备吧！

31 将星状图案的剩余区域填充完毕，然后在顶部其他区域大胆实践更多环圈编织、更多平纹编织和更多的厚度变化，为挂毯上端打造更加有趣的纹理效果。挂毯收尾前再添加3~4行平纹编织和花边缝（第50页）（图31）。

32 将作品从织布机上取下。藏缝背部的线尾，穿入选定的挂杆，最后根据需要对里亚结的流苏进行修剪。

尽情欣赏自己新完成的艺术作品吧！

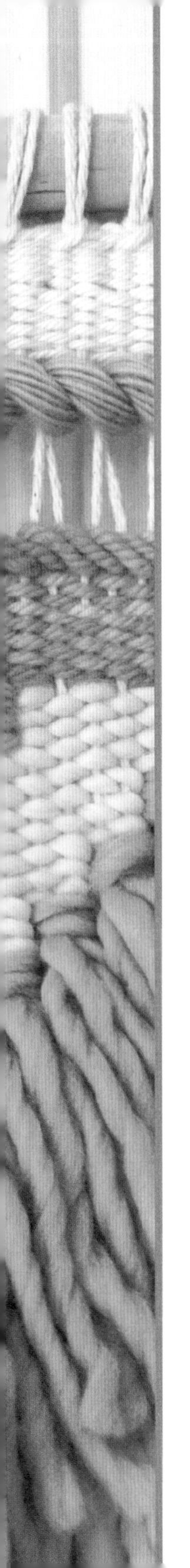

诗韵挂毯

这款挂毯的质地如此柔软且丰富，总让人不禁想用手指去梳理那些浓密的流苏！通过这款作品，将会学习到如何将编织中的镂空区域融入自己的设计中，以及苏迈克针法的另外几种用途。这款设计并不像上一幅作品那样复杂，但和谐的色调与镂空区域的运用令作品充满乐趣。

运用镂空区域的关键在于围绕镂空区域建立牢固的结构，使经纱得以稳定。要实现这一目标，可以利用纬纱缠绕经纱，将镂空区域加以界定，然后围绕镂空区域，利用较细的线材塑造浓密的纬纱色块，镂空区域下方同样要保持足够的重力，令纱线抻紧。总之，体验在设计中运用镂空区域的过程中，还有太多东西要学习。

成品尺寸

33cm×63.5cm，包括流苏

材料与工具

框架织布机，45.5cm×61cm

本色双股中粗精纺棉线，用作经纱和纬纱，13.7m

珊瑚色单股超粗羊毛线，64m

奶油色双股中粗精纺棉线，52.1m

浅粉色单股超粗羊毛线，54m

浅灰色单股超粗羊毛线，16.5m

蜜糖色单股超粗羊毛线，6.4m

渐变橙色双股中粗精纺羊毛线，6.4m

浅灰蓝色单股蕾丝羊毛线，27.4m

木制挂杆，2.5cm×30.5cm

纸质占位板，5cm×40.5cm

木梭，30.5cm

木梭，20.5cm

编织梳

木制编织针，18cm

缝针，7.5cm

剪刀

1. 利用本色中粗精纺棉线在织布机上缠绕46根经纱。穿入纸质占位板，利用经纱同款线平纹编织6行，完成基础的结构支撑，然后开始利用珊瑚色超粗线剪取第1行里亚结所需的线段。每个里亚结由6股超粗羊毛线构成，每股线段长度约为40.5cm。由于这种线材较粗，所用的股数较少。如果选用中粗精纺线或更细的线材，则每个里亚结应包含8股或10股纱线。共计绑系23个里亚结（图1）。
2. 在绑系下一行里亚结前，先利用奶油色棉线平纹编织约7.5cm，提升基底高度。（图2）。
3. 利用浅粉色超粗羊毛线剪取里亚结线段，共计需要完成23个里亚结，每个里亚结包含6股30.5cm长的线段。围绕经纱横向绑系一整行里亚结。
4. 利用记号线标记出位于中心的2根经纱，准备居中绑系3个里亚结。每个里亚结需剪取6股81.5cm的浅灰色超粗羊毛线，然后绑系好3个里亚结（图4）。注意这3个里亚结要比下面一行里亚结长出几厘米。
5. 利用奶油色纱线平纹编织12行（或更多），直至可以在刚刚完成的浅灰色里亚结上方加编2根经纱。再平纹编织12行纬纱行，然后减少2根经纱（图5）。继续每编织12行纬纱行减少2根经纱，直至完成5个台阶。
6. 同样方法在另一侧编织对称图案（图6）。这个区域和上一个作品看起来很像，但没有那么复杂。

1
2
3
4
5
6

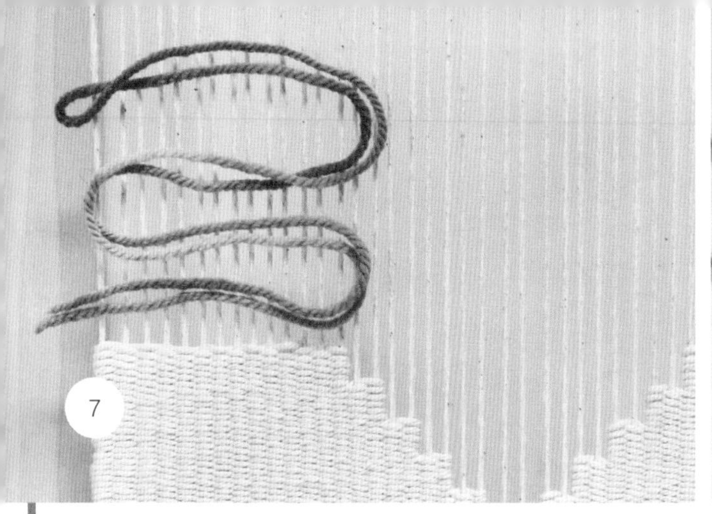

7

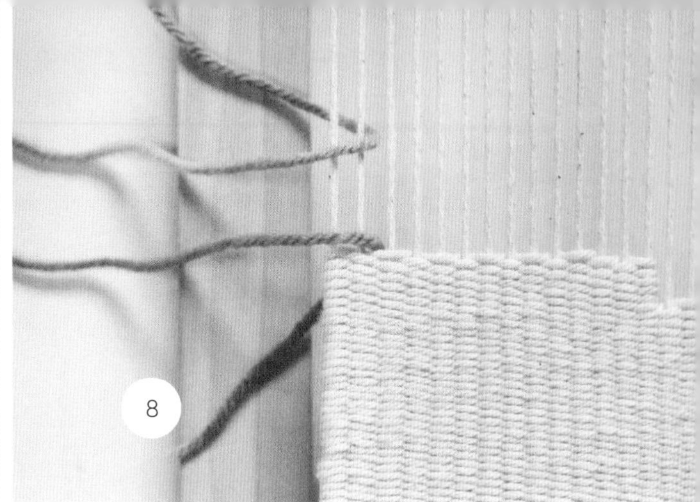

8

苏麦结针的演化针法

7 剪取一段渐变橙色中粗精纺线，对折后长度约为计划编织行宽的4倍，或参照范例中的长度30.5cm（图7）。下面将要在苏迈克针法的基础上进行一些变化，你会感到自己仿佛进入了开挂模式，因为这种方法可以同时编织2行。任何能够节省时间的方法都会令人感到着迷，于是这种由苏迈克演化而来的针法已经成为我新近最喜爱使用的技法之一。

8 2根线尾均由第2根和第3根经纱间向下穿入，将线尾置于左侧（图8）。

9 将纱线从第3根和第4根经纱间，由下向上引出（图9）。

10 反向越过2根经纱回穿（图10）。

11 由第1根和第2根经纱间向下拉引纱线，并轻轻调整线环，使其松紧度保持一致（图11）。现在上下2行需暂时保持分离状态，这样才能在中间继续编织，但最后会将各行向下推压收紧。

12 从下方向右跨越3根经纱并向上引出，向左折返越过2根经纱（图12）。

13 继续照此方法编织，直至将线耗尽（在结尾处加入新线继续编织），或达到指定经纱位置（图13）。

14 将纱线围绕指定经纱（此前平纹编织图案的基础上再减少2根经纱）缠绕1圈，环状线尾穿入织品背部。将苏迈克针的顶行轻轻向下推压，贴紧底行，形成麻花状图案（图14）。另一侧重复操作。

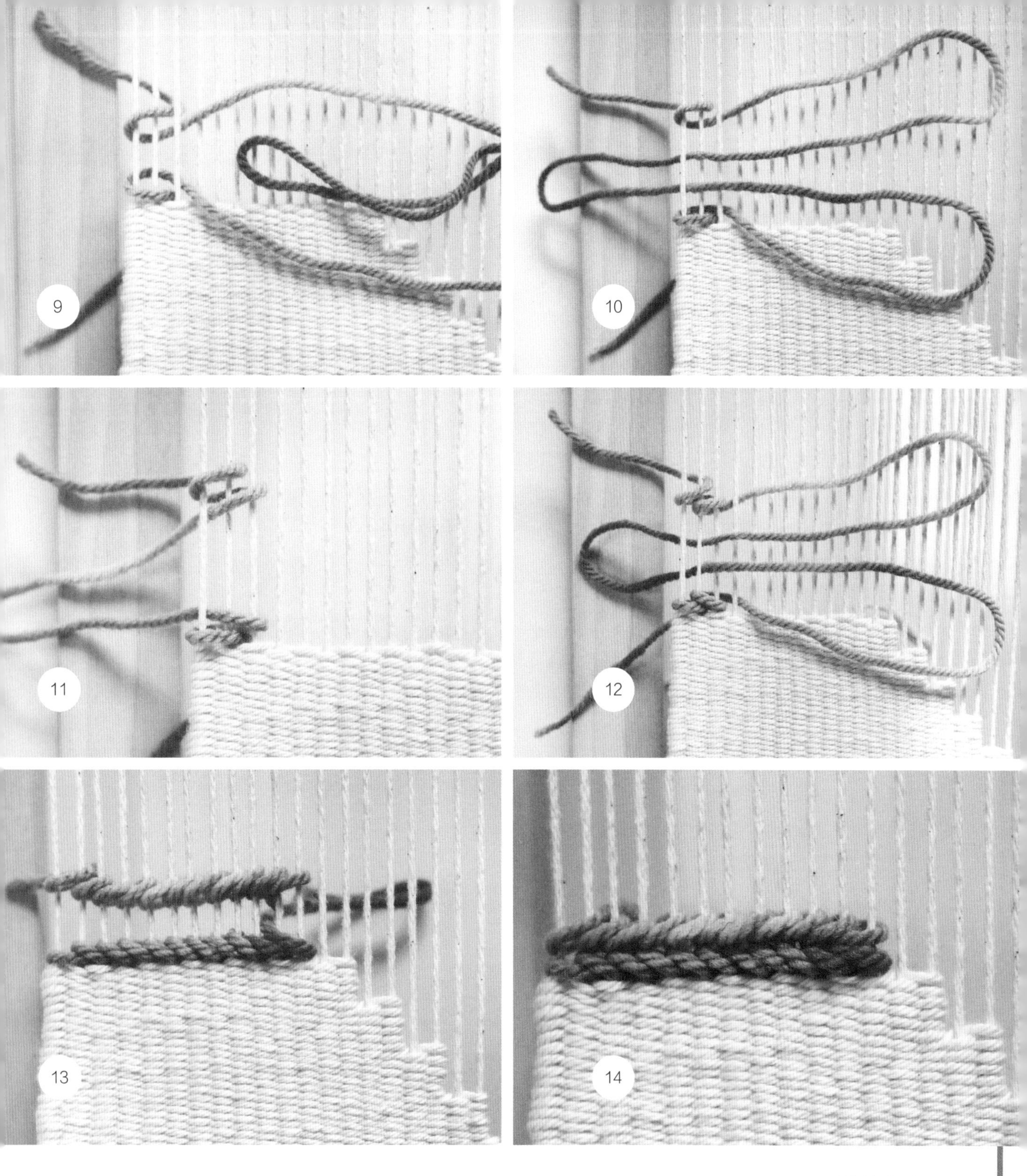
9
10
11
12
13
14

15 利用奶油色棉线，在苏迈克编织行上方再添加2级平纹编织台阶，同样是每12行纬纱减2根经纱。

利用蜜糖色超粗羊毛线在每级台阶处添加里亚结（图15）。由于选用了超粗线（后续里亚结同样选用了超粗线），每个里亚结仅含6股纱线即可。每股纱线长度约为25.5cm。稍后再统一进行修剪。此处共需制作15个里亚结。

16 利用浅粉色超粗羊毛线，在蜜糖色里亚结之间空隙处，以斜缝编织法填补空白区域，直至第4行里亚结的顶端为止（图16）。浅粉色线为超粗规格，所以比普通细线所需股数更少。使用编织梳将各纬纱行依次向下推压，使各行贴紧对齐。当围绕空白区域编织色块时，这一步尤其关键。

17 在这个区域的最后一次整行编织应超过右侧第4个里亚结顶部。为了塑造出阶梯图案和部分镂空区域，开始向左反向编织，但仅编织6根经纱。也就是说，编织到最底部里亚结所在的中心2根经纱为止。这部分色块应与此前编织的里亚结保持等高。在使用范例中超粗线的情况下，每编织到第6行纬纱行时就向右侧的台阶上编织，同时向左编织减少经纱。这样便可塑造出均匀的台阶形状。当编织到右侧顶端里亚结的位置时，在里亚结上方继续向右织边编织4行（图17）。

18 按照相同方法在另一侧编织相同图案。在进行下一步编织前，先利用手指和编织梳对两侧进行调整，使其均匀分布（图18）。

19 剪取一段91.5cm长的橙色渐变编织线，围绕中心偏右的经纱缠绕多圈，直至达到相邻纱线的高度。由于这款线比编织台阶图案时所用的超粗线略细，所以这一步需要围绕经纱缠4圈（图19）。

下面沿各级台阶顶部反向编织苏迈克针，由织品后侧向右缠绕2根经纱，再向左缠绕1根经纱。这一步编织完成的苏迈克图案将呈现在织品背部，而在织品正面主要起到占位作用，帮助此前编织的色块稳固边界，同时塑造出镂空区域的轮廓。

20 持续编织至最后一级台阶顶部，越过台阶后向右继续编织。向内折回数根经纱并将线尾穿入固定。按照相同方法在镂空区域另一侧进行编织。利用同色编织线再向上平纹编织2.5cm，在镂空区域顶部塑造出一个色块，进一步明晰镂空区域的边界（图20）。这样便编织完成了镂空区域的顶边，同时保证各部位不会松散变形。按照向前缠绕3根经纱，向后缠绕2根经纱的方法，在平纹编织行的顶端再加编1行苏迈克针，从而使苏迈克针与平纹编织形成鲜明对比。

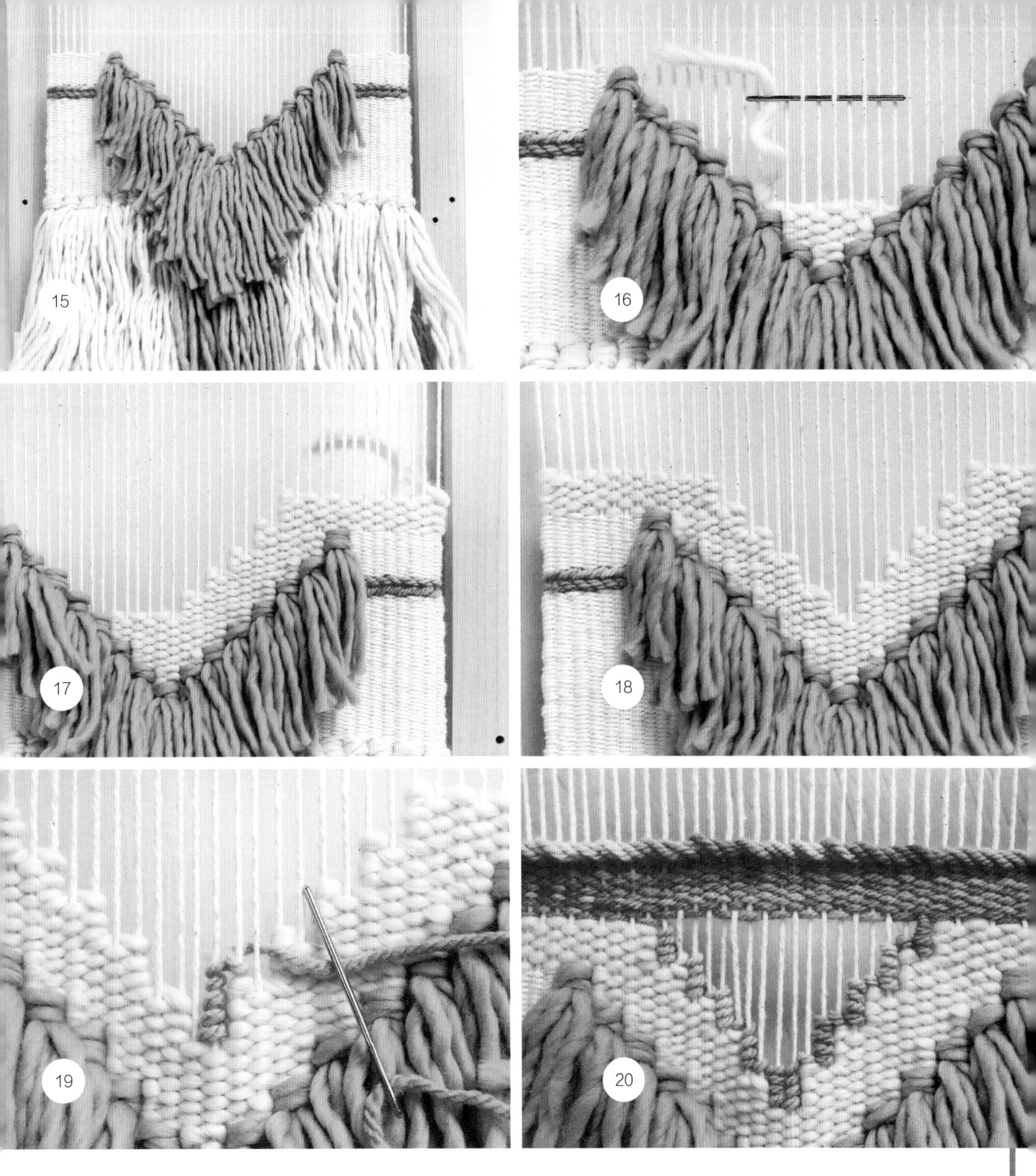
15
16
17
18
19
20

21 剪取30股浅灰蓝色蕾丝线，每股长度约为经纱整体宽度的2.5倍，将其整理为一束，然后按照向前缠绕4根经纱，向后缠绕2根经纱的方法编织苏迈克针。围绕最外侧2根经纱轻轻打结，并预留一段7.5cm长的线尾。不要将这一行向下推压，贴紧珊瑚色苏迈克针，而应保留一定的空隙（图21）。下一步便会清楚这样做的原因。

22 在浅灰蓝色苏迈克针编织行的上方预留出1.3cm的空间，然后加编2.5cm高的奶油色平纹编织行。这样可以使挂毯顶部的经纱均匀固定，同时也为即将形成的镂空区域搭建好基础结构。将浅灰蓝色苏迈克针编织行轻轻向上推送，紧贴平纹编织行。这样便在下方形成了2.5cm宽的镂空区域（图22）。上方粗大的苏迈克针搭配平纹编织行将为镂空区域撑起整体结构，而其下方悬垂着挂毯的整体重量，可确保经纱维持紧实的拉伸状态。

23 在平纹编织行上方进行花边缝，固定顶边，然后将织品从织布机上取下。穿入挂杆，藏缝线尾，最后根据需要修剪流苏（图23）。

现在我们编织完成了一件拥有丰富层次和纹理的编织作品，同时学会了苏迈克针的几种演化针法，可以在设计中塑造有趣的线条和图案。别忘记去大胆体验不同的挂毯轮廓，想一想还能利用各种线材围绕经纱呈现出哪些不同效果呢？

21

22

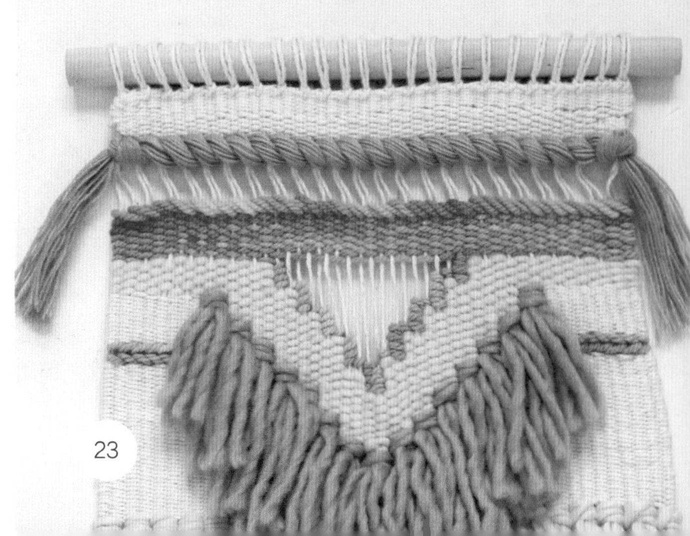
23

三环挂毯

这款趣味波普图案的灵感结合了冰激凌球、文氏图[1]和柔和色彩拼搭。这款作品总会令我想起自己去家乡杂货店买斯丽芬提（Thrifty）冰淇淋圆筒，结果每次买回来的都是冰冻果子露。这款作品的风格现代，其他缀有层层流苏、线环和一行行苏迈克线圈的挂毯迥然不同的个性。这款图案的重点不在于丰富的纹理与层次，而在于图案的配色与形状。

通过这款作品，你将学习到如何借助底图或模板进行图案设计，塑造出提花般的挂毯效果。此外，我还会揭秘如何在网格上编织圆形图案。有了这些工具，你便可以突破直边图形的束缚，再上一个台阶去挑战更具个性的编织挂毯作品。

成品尺寸

28cm × 76cm，包括流苏

材料与工具

框架织布机，38cm × 45.5cm

奶油色双股中粗精纺棉线，用作经纱和纬纱，55m

琥珀色单纱双股中粗精纺羊毛 / 驼毛混纺线，87m

蜜糖色双股中细羊毛真丝混纺线，27.4m

薄荷蓝单纱双股中粗精纺羊毛线，11m

薄荷绿单纱双股中粗精纺羊毛线，17.4m

浅桃色双股中粗精纺涤纶混纺线，11m

珊瑚色单纱双股中粗精纺棉线，27.4m

纸板，33cm × 45.5cm

餐盘，20.5cm

黑色油性针管记号笔

亚克力挂杆，2.5cm × 30.5cm

纸质占位板，5cm × 40.5cm

木梭，30.5cm

木梭，20.5cm

编织梳

木制编织针，18cm

缝针，7.5cm

剪刀

①文氏图，也称维恩图，用于显示元素集合重叠区域的图示。

1 制作1张设计模板（也称作底图），在编织时协助塑造图案。底图的作用在于锁定图案轨迹，避免在编织到一半时才发现图案严重左偏，或圆形的中心区域过高，形成了椭圆形这类问题。制作模板图案的方法是将一个20.5cm的餐盘放置在纸板中心，用马克笔或钢笔围绕盘边画线。然后在这个圆形上方和下方各画一个同等大小的圆形，这两个圆形均与中心圆形交叠，但彼此并不相交。也可以根据自己的习惯，先用铅笔画线，然后再用马克笔描画轮廓。注意轮廓线保持均匀顺畅，这样编织完成的图案才会同样均匀顺畅。

利用奶油色中粗精纺棉线在织布机上缠绕46根经纱，将分纱杆或纸质占位板穿入织布机底部，以便在经纱末端打结（图1）。

2 将底图置于织布机后方，然后开始配色（图2）。基于文氏图的特性，交叠色接近两个圆形中的一个时，图案的整体呈现效果最佳。并不需要为交叠的圆形选择真正完美的融合色，只需要在色调上做小小的变化即可。建议在编织此类图案时选用相同粗细的线材，使各色块形状保持一致。与粗线相比，细绒线或单纱中粗精纺线等偏细的纱线塑造出来的圆形轮廓更为清晰。

3 可以根据个人习惯，仍将底图置于编织区域后方，但我个人习惯将底图图案拓印到经纱上，便于引导我编织曲线（图3）。在编织过程中，当尝试衔接不同色块时，可能需要进行适当的推测，因为经纱上的图案会被纬纱遮挡住，看不到延续轨迹，这就需要在用另一种颜色的马克笔拓印图案时记住大致轮廓。取几本书置于底图下方，使底图向上贴住经纱，然后小心拓印图案。其间，可能还需要不时参看底图纸板，以确保各色块的位置准确，因此暂时不要丢弃底图。

4 在织布机底部，紧贴占位板上方，围绕经纱平纹编织6~8行，然后利用琥珀色单纱中粗精纺线添加1行里亚结（第58页）。每个里亚结由6股61cm长的纱线构成，共计绑系23个里亚结（图4）。

圆形编织法

在网格架构上编织顺滑的圆弧形状实际上是在塑造一种错视图形，接近于将圆形像素化。借助模板可以帮助我们围绕经纬线上设定的轨迹编织，但我们还是需要做一些计算工作。

5 在里亚结上方添加2.5cm高的平纹编织，然后开始处理图案右侧区域。利用斜缝编织法（第50页）来编织图案的外轮廓，而不是进行纬纱行的衔接。利用记号线标记出位于中心的2根经纱，然后利用平纹编织时使用的线材向中心编织。此时并不直接编织到中心2根经纱处，而是在中心经纱右侧减少2根经纱不编织。朝着经纱右侧织边方向返回编织。

再次折返朝向中心编织，在重新折反朝向右侧织边编织前再减编2根经纱。这样就可以在圆形底部形成一道微微的弧线。下一折返行仅减编1根经纱，再连续3次减编1根经纱。下面减编1根经纱后连续编织4行纬纱行，此时弧线开始向上提升至较高梯度。同样方法再重复3次，然后再开始减编经纱。

减编1根经纱并编织8行纬纱行，注意此处不再是4行纬纱行。照此方法再重复操作1遍。

然后减编1根经纱并编织12行纬纱行。重复操作1遍。这样我们便接近了圆形的外边。

最后减编1根经纱并编织28行纬纱行。此处会形成一条直线（图5）。大家可能会认为直线并不适合塑造圆形，但借助视觉上的错觉，直线确实可以发挥其特有的作用。

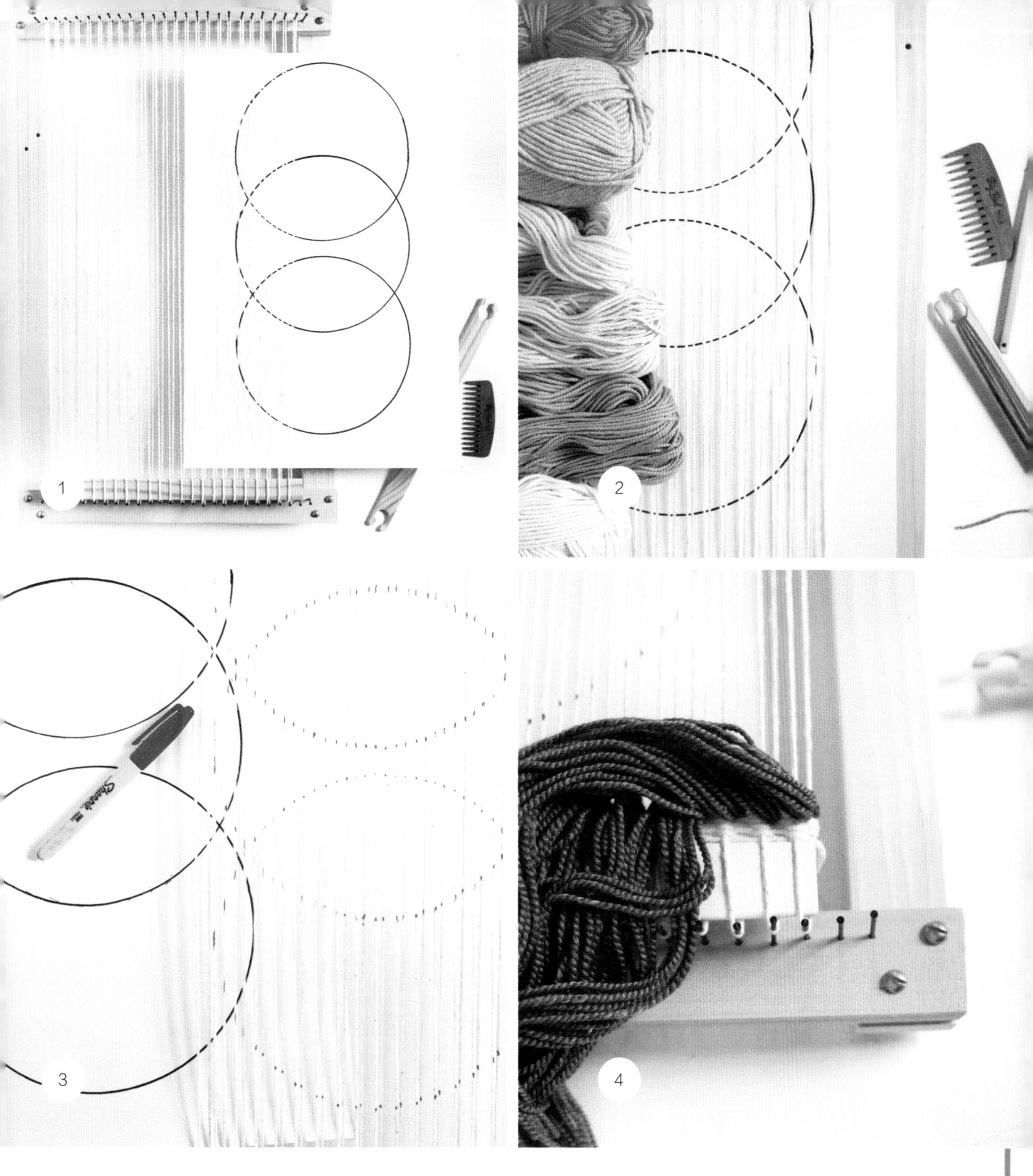
1
2
3
4

6 现在需开始反向编织，塑造出曲线的上半部分。加编1根经纱并编织12行纬纱行，重复操作1遍。然后加编1根经纱并编织8行纬纱行。接下来，加编1根经纱，但仅编织2行纬纱行，这样可以塑造出下方圆形和中间圆形之间的空隙。检查模板，确定自己没有偏离圆形轨迹。在向右上方编织的过程中，继续按照模板加编或减编经纱。然后开始编织左侧弧线。将右侧的编织程序整个反过来，并在编织过程中时时以右侧为标尺进行对照（图6）。

如果织品此时会出现轻微扭拧，无须担心。只需要第一圈编织完成后便可轻松掌握圆形编织法。

7 现在填充圆形内部就简单多啦！我们在填充圆形区域时无须像利用斜缝编织法填充空缺区域那样紧密。先利用蜜糖色纱线来填充色块底部（图7）。只要所用纱线的粗细规格相近，圆形区域内的每行纬纱行便可与外部图案的纬纱行保持对齐。切记利用编织梳将每行向下压紧。这款图案编织时需要格外仔细，尽量避免出现任何变形。

8 当接近2种颜色之间的曲线时，只需严格遵循模板轨迹或仿照第1个圆形底部的编织方法即可。将标记中心经纱的记号线向上推动，继续用作标记。下面利用薄荷蓝纱线填充第2个色块（图8）。

注意在蜜糖色圆形和米白色外边缘之间，圆形的侧边有5cm的垂直区域。这条处于2个色块之间的缝隙便是直缝编织法的典型范例。可以利用这种技法在色块间编织出垂直轮廓线，但这块区域看起来并不会很宽，因为这条缝隙会与纬纱行区分开，在图案中形成间隔。

可用于避免此类缝隙的方法是直线互联法（第167页）。我本可以利用直线互联法将2个色块衔接起来，但那样的话，我便需要沿每一行纬纱行采用同一技法去衔接色块，以确保图案的一致性。这样我不仅需要花费更多的编织时间，而且色块的衔接边缘也会模糊不清。有时难免会遇到解决一个问题，同时又引发另一个问题的情况。只有充分了解不同针法的局限性和可以相互替代的处理方法，才能提升自己的编织技能，塑造出自己设想的图案。

9 现在开始编织第3个色块，先利用薄荷绿纱线编织一侧，然后再编织另一侧。两侧相交的区域可以采用纬纱行交叠的方法，也可以采用在同一根经纱后侧收尾的方法。这样便可实现无缝衔接（图9）。

10 利用浅桃色纱线继续编织下一个色块，然后利用奶油色线逐步填充外部轮廓（图10）。

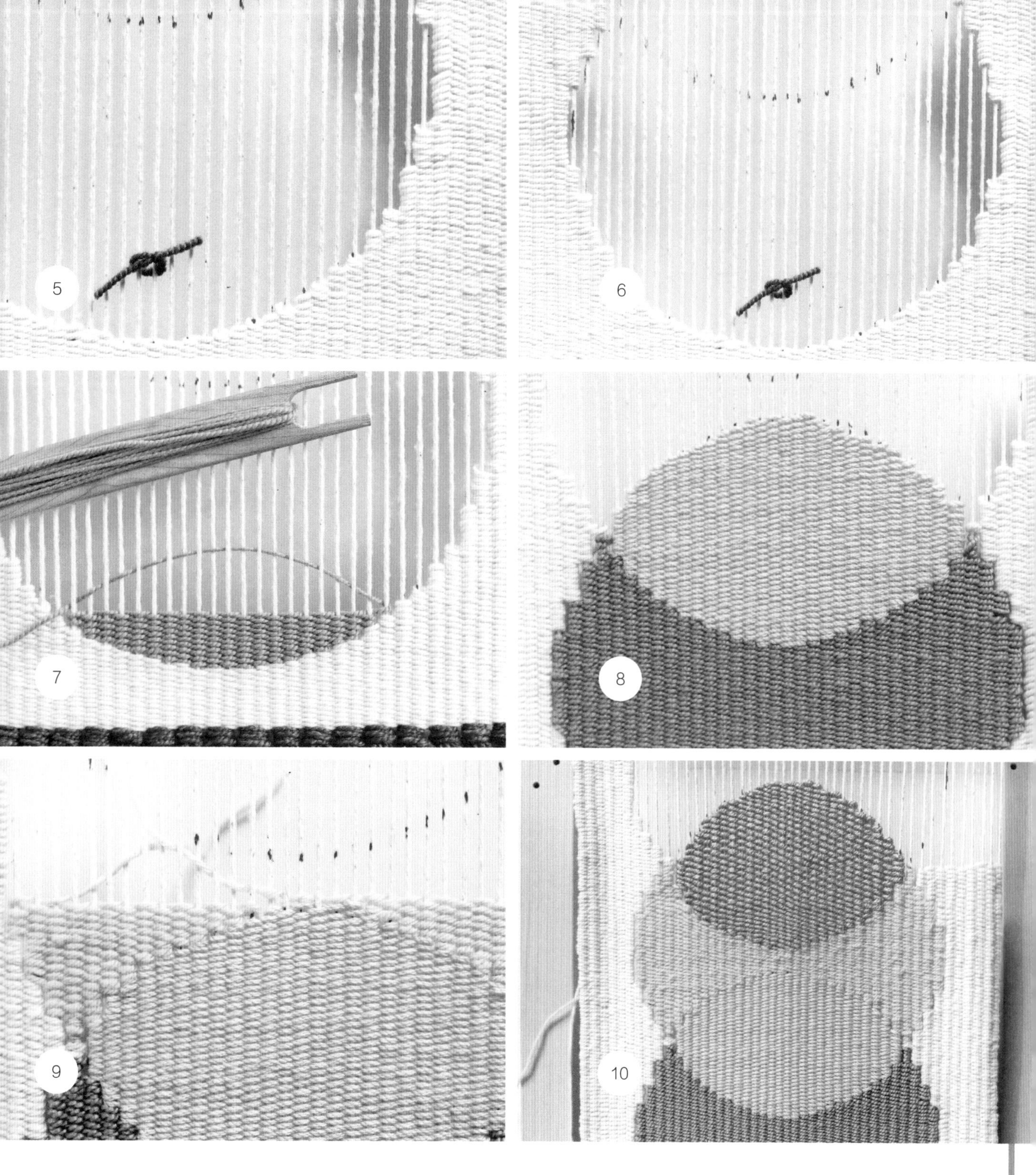
5
6
7
8
9
10

11 分别利用珊瑚色和奶油色纱线继续编织最后2个色块，一直到挂毯顶部。仿照下方圆形底部的编织方法完成上方圆形顶部的编织（图11）。可以看到，尽管已编织好的圆形图案就在标记线的下方，但我仍将模板用作参照。

12 完成外轮廓的编织，然后利用奶油色线沿顶边平纹编织2.5cm，为整幅图案留出空隙，保持平衡（图12）。

13 添加花边缝（第50页），完成顶边编织（图13）。如果拥有足够的空间，你可以将经纱从顶板挂钉上轻轻取下，然后穿入挂杆，这样就无需剪断经纱，再到挂毯背部进行藏缝了。无论采用哪种方式，最后添加好挂杆和挂绳即可。

14 在将作品从织布机上取下后，退出织品底部的纸质占位板，将经纱末端打结，防止织品松散变形。如果在将织品退出织布机后图案发生了变形，可用手指轻轻调整纬纱行，重新塑造好形状。

在掌握了如何在编织纬纱行的过程中加编1~2根经纱，从而塑造出圆形轮廓后，便可以在自己的设计中融入圆形、椭圆形、半圆形、波浪线、新月形、扇贝形等图案。此外，还可以利用底图设计出更加复杂精细的图形。

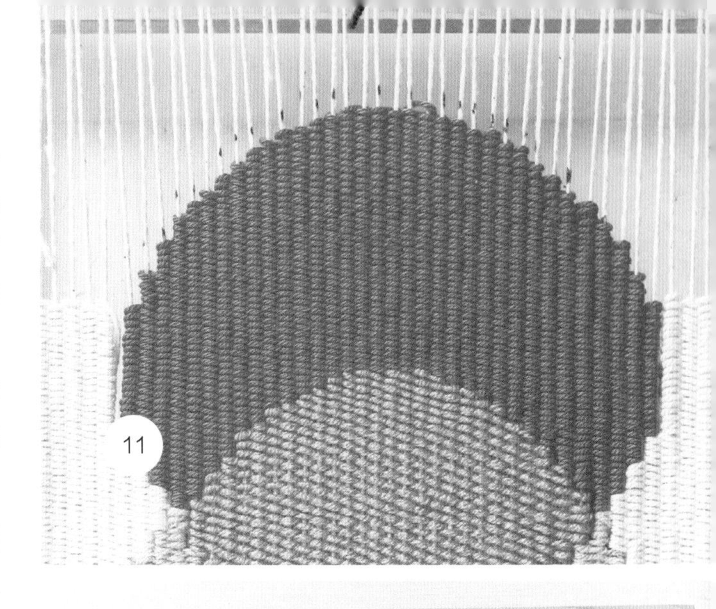
11

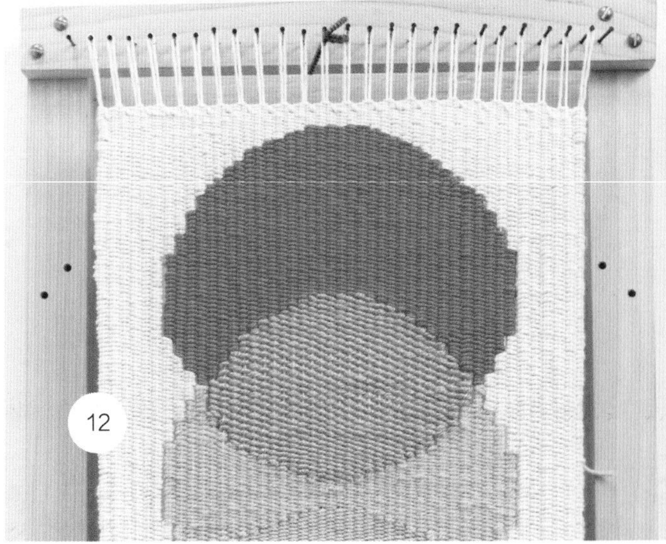
12

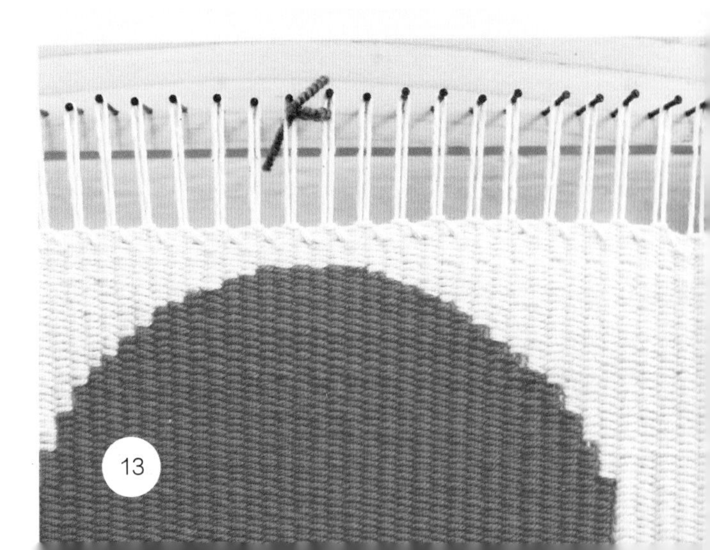
13

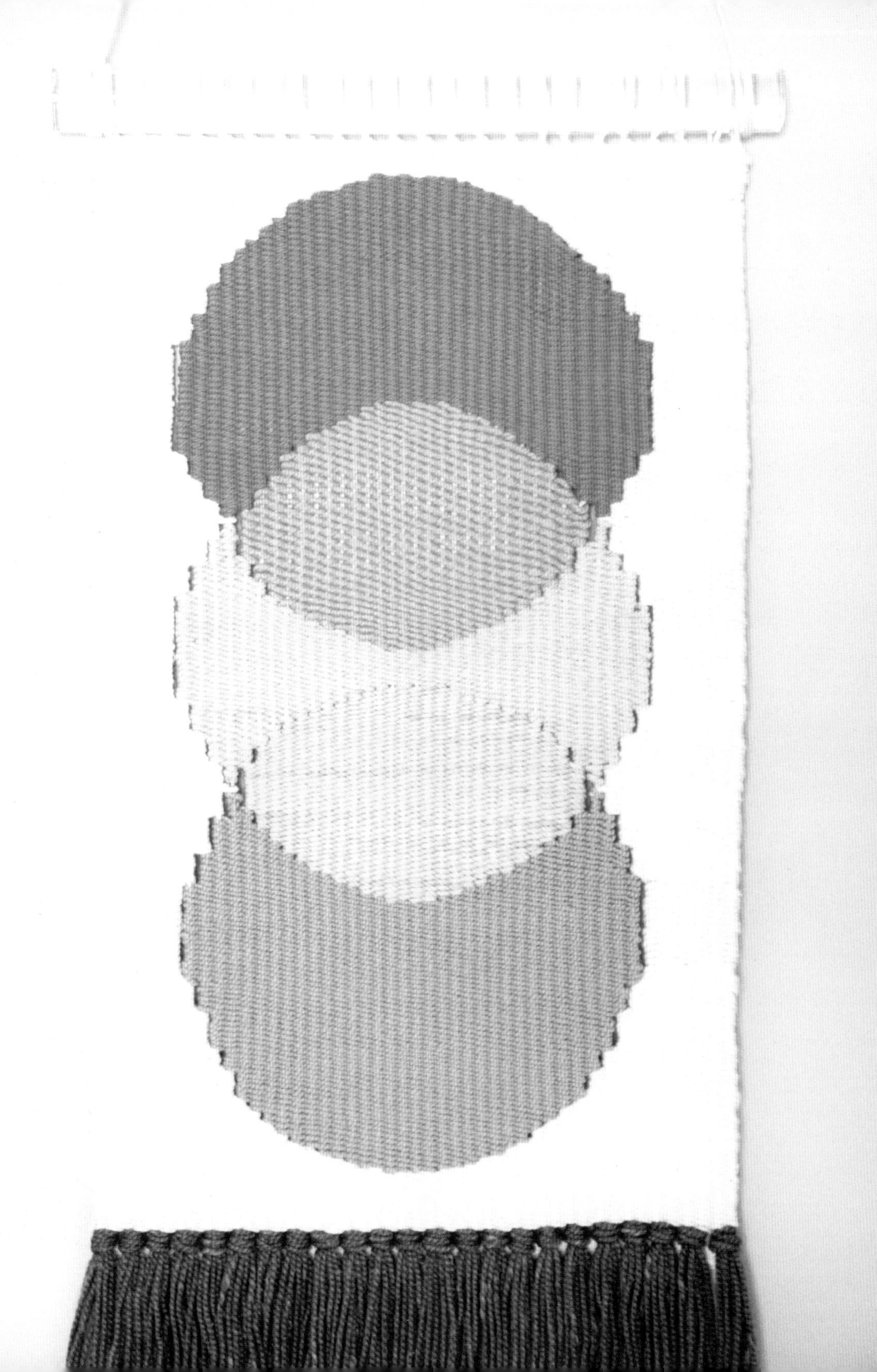

轻盈羽毛挂毯

当我住在美国的科罗拉多州时，曾与其他妈妈一道参加过一个丛林学校小组，当时那位组长便在活动中教孩子们利用树枝制作简易框架织布机。然后我们便在森林里徒步寻找可以用于编织的材料。我们有一些碎线头和布头可以用来填补空隙，但我们还采集了带有浆果的树枝、长叶野草、野花，还有从啄木鸟或蓝鸟身上脱落的奇怪羽毛。最终的成品简直是美丽丛林风的典范，更重要的是，这件作品令我大开眼界，认识到究竟有多少不同的材料可以围绕经纱进行编织，最终创作出拥有美丽纹理的艺术佳作。

这次与大家分享的作品将引导你在编织材料方面大胆体验，广开思路。除了传统的棉线经纱外，还可以使用棉草（一种感觉像纸，实际上坚韧度却足以用作经纱的纤维材料）。或者可以将染色羽毛、铜管和粗捻羊毛用作边饰，而非仅仅用作纬纱材料。

成品尺寸

33cm × 91.5cm，包括流苏

材料与工具

框架织布机，38cm × 45.5cm

橡树色棉草，用作经纱和纬纱，55m

薄荷色羊毛粗纱，5.5m

皇室蓝双股超粗羊毛线，64m

20 根薄荷色鸭毛

20 根皇室蓝鸭毛

26 号首饰线，2.75m

亚克力挂杆，2.5cm × 30.5cm

铜管，6mm × 25.5cm

木梭，20.5cm

纸质占位板

木制编织梳或叉子

剪刀

小号截管器

1 使用棉草或普通棉线在织布机上缠绕26根经纱。切记在底部穿入分纱杆或纸质占位板。平纹编织10行纬纱行搭建基础结构。然后在中间12根经纱间编织10行纬纱行。两侧各减编2根经纱并再编织10行纬纱行。反复重复操作，直至仅在中心2根经纱上编织完成10行纬纱行。这样便塑造出一个三角形。

每10行纬纱行加编2根经纱，直至编织的经纱数达到12根，完成一个镜像的倒三角。然后减编2根经纱并编织10行纬纱行，再减编2根经纱并编织10行纬纱行，重复操作，直至再次仅在中心2根经纱上编织完成10行纬纱行（图1）。这样便将刚刚完成的倒三角变成了一个菱形。

如果选用了普通棉线或更粗的羊毛线，可能仅需编织2行或4行，而无需编织10行纬纱行。总之，只要选用的线材规格一致即可。

2 再编织2个菱形，最后以一个三角形结束。利用相同的棉草，平纹编织10行纬纱行，巩固挂毯顶部的基础结构（图2）。

3 接下来，利用棉草在最外侧2根经纱上编织10行纬纱行，塑造出外部轮廓。先加编2根经纱并编织10行经纱行，然后重复1次，再减编2根经纱并编织10行经纱行，然后重复1次至最外侧2根经纱，但这次不再编织10行纬纱行，而需编织18行或20行（图3）。同样，如果你选用的是棉线或羊毛线，则可少编织若干纬纱行，因为你的线材较粗。

重复上述加编和减编的过程，沿挂毯边缘塑造出半菱形图案。

4 在另一侧重复相同的编织方法（图4）。这时可以看出，空白区域形成了两个锯齿形。

5 开始编织羽毛部分，将3片或4片羽毛嵌入2个菱形之间（图5）。此时可能需要对羽毛的角度进行调整，以确保羽毛完全覆盖住所有空白区域。

6 在放置好羽毛后，利用小号截管器将铜管切割成5cm的长度。取一段约15cm的首饰线穿入第1段铜管。

1
2
3
4
5
6

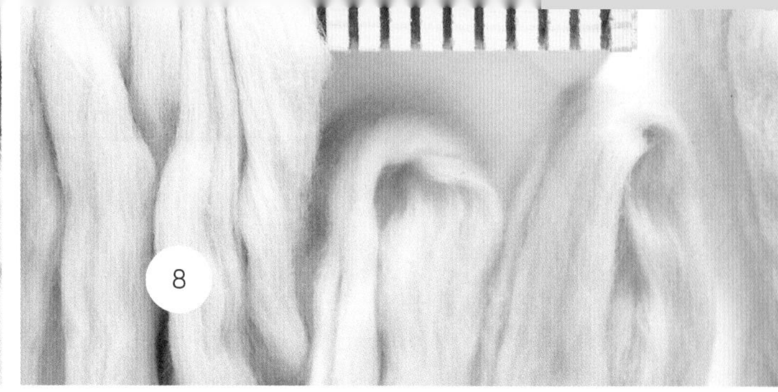

7 首饰线末端穿入菱形中心的纬纱行。将首饰线向织品背部弯折，并像面包袋口的封口软丝一样扭拧起来。修剪尾端（图7）。剩余的铜管同样处理，每个菱形和三角形中心均穿插1段铜管。

8 退出织布机底部的占位板，在空缺区域上面和下面分别平纹编织5行纬纱行。将羊毛粗纱剪成9段，每段长度约为45.5cm（图8）。

9 利用羊毛粗纱绑系里亚结，但不要在相邻2根经纱间均绑系结扣，而应每2根经纱之间保留1根经纱不绑系。因此，每个里亚结应覆盖3根经纱；但左织边的里亚结除外（仅覆盖2根经纱）（图9）。在2个粗大的里亚结之间跳过1根经纱可为羊毛粗纱保留一定的活动空间，因为这些结扣确实非常厚重。

10 剪取皇室蓝纱线准备绑系下一组里亚结，每个里亚结由8股101.5cm长的纱线构成，共计绑系13个里亚结。按照常规方法，围绕2根（注意不是3根）经纱绑系里亚结（图10）。将里亚结修剪齐整。在添加里亚结前编织的棉草部分则在挂毯底部起到支撑作用。

11 将织品从织布机上小心取下，对变形部分进行调整。穿入挂杆和挂绳。

尽情欣赏这款充满异国情调的新挂毯吧！如果很喜欢这款挂毯，还可以尝试用鲜花来代替羽毛，干枯后的鲜花同样美丽，也可以利用棉线做经纱，棉布条做纬纱。嵌入宝石、珠子或任何可以利用首饰线穿孔固定的装饰物，打造出鲜明的个性风格。

牧场姑娘发辫挂毯

这款挂毯是我最喜欢的作品之一，它原本只是一件实验品，但最终效果却好得超乎想象。我总是渴望寻找更多新方法来驾驭不同的材料，因而我决定尝试一下织布机的新玩儿法，利用一块皮革承担起织布机的部分作用。出于兴趣，我编织了一个三角形，但编织长方形或半圆形也同样简单。如果你不喜欢皮革材质，也可以将其替换为塑料或人造革，只要是不容易撕裂的材料都可以。

成品尺寸

28cm×56cm，包括流苏

材料与工具

框架织布机，30.5cm×40.5cm

软皮革或厚塑料，30.5cm×12.5cm

米白色双股中粗精纺棉线，用作经纱和纬纱，68.6m

亮红色单股中粗精纺羊毛线，13.7m

砖红色单股中粗精纺驼毛/羊毛混纺线，27.4m

薄荷绿色羊毛粗纱，1.8m

珊瑚色双股中粗精纺羊毛线，73.2m

木制挂杆，2.5cm×30.5cm

分纱杆，30.5cm

木梭，20.5cm

织针，15cm

缝针，6.5cm

皮革打孔器或锥子

木制编织梳或叉子

钢笔

尺子

剪刀

1 由皮革30.5cm的长边向下测量出约2.5cm的位置，左右两边各做一个标记。然后量出皮革底边的中心点并做好标记。连接顶边左右两个标记点和底边中心点，形成一个三角形。沿连线剪切出这个形状（图1）。

2 参照织布机上的挂钉位置，沿皮革长边标记打孔位置（图2）。注意标记点应距离皮革边缘约1cm，以免皮革撕裂。

3 沿顶边一行孔垂直向下，在底边对应位置做标记，同样需与皮革边缘保持约1cm的距离。借助尺子来测量，以确保两点间尽量垂直（图3）。

4 利用皮革打孔器或锥子小心打孔（图4）。

5 利用米白色线将整片皮革直接钉缝在挂杆下面（图5）。在皮革背部，挂杆两端各打一个结。注意缝线要沿挂杆均匀分布。

6 将挂杆置于织布机顶框下方，剪取3段线在左中右三处绑系紧实。之后会将固定线剪断，但目前需依靠其进行固定。

接下来，同样剪取米白色线作为经纱，在一端绑系1个双环结。将未打结的一端穿入6.5cm缝针。从皮革背部开始钉缝，缝针穿入右端最外侧圆孔，将线引出，直至与双环结处两端绷紧。然后将线向下围绕框架织布机底框第1个挂钉缠绕1圈，再向上回到右侧第2个孔。将针穿至皮革背部，然后从第3个孔穿出，再次向下缠绕底部挂钉（图6）。

继续向上缠绕，直至缠绕完皮革与织布机间的所有经纱。如果中途需换线，可在皮革背部打1个双环结，然后在下一个圆孔处再打1个双环结，便可以继续缠绕剩余经纱了。最后检查一下松紧度是否均匀适中，确保经纱保持紧绷，但不要过于拉抻皮革，以免皮革因过度拉抻而变形。

7 既可以在皮革顶边的圆孔处打结收尾，也可以在框架织布机底部挂钉处打结收尾，这主要取决于皮革上经纱的数量（图7）。现在难度最大的部分已经完成，可以开始编织啦！

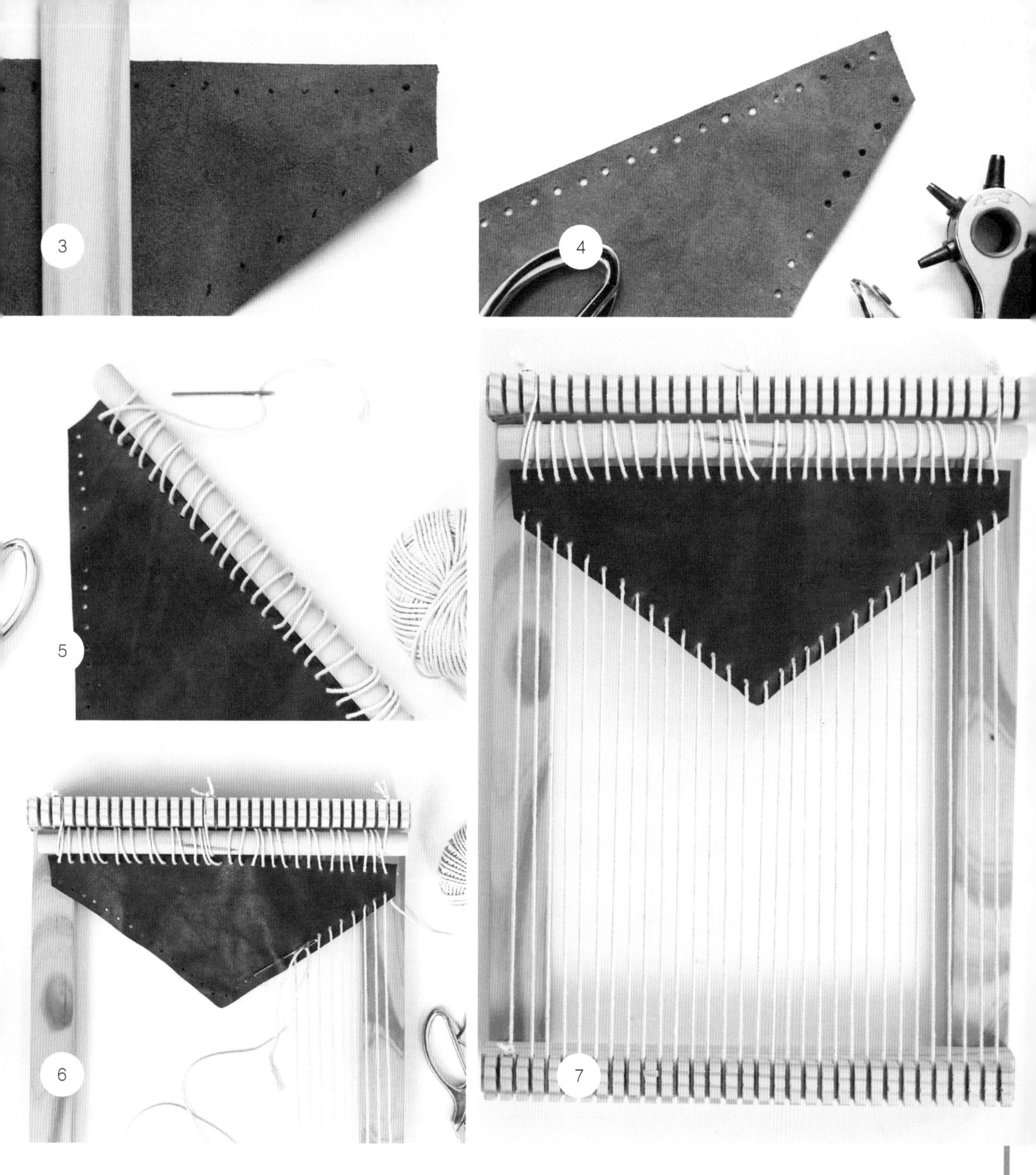
3
4
5
6
7

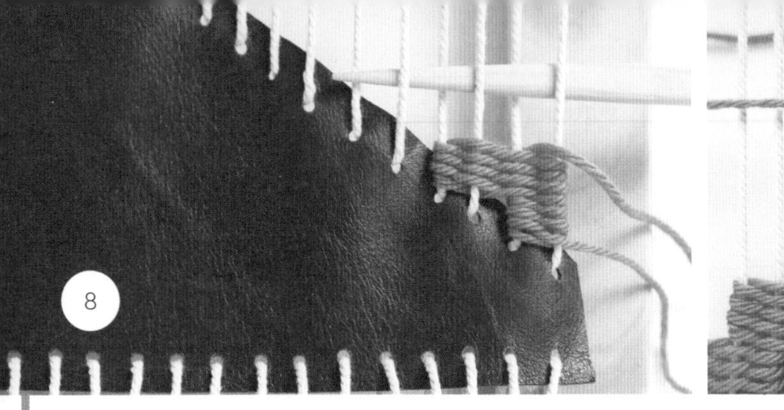

8 为了便于围绕皮革外轮廓进行编织，可将织布机倒转，使皮革位于织布机底部。利用珊瑚色中粗精纺线开始编织阶梯图案，先围绕前2根经纱编织8行纬纱行，然后加编2根经纱，再编织8行纬纱行。将各行下压，略微超过皮革边缘贴紧（图8）。

9 下面开始，每编织完成一个8行纬纱行的阶梯便需要进行1次左侧加编2根经纱和右侧减编2根经纱。编织到最顶部的阶梯即可，之后开始在皮革的另一侧编织相同图案。两侧纬纱行朝相对方向编织（图9）。

10 两根线尾相互交叠，在皮革顶点形成无缝衔接（图10）。

11 另取一股纱线，继续编织阶梯图案，围绕6根经纱编织8行纬纱行，然后两侧各减编2根经纱，再编织8行纬纱行（图11）。

12 添加15个里亚结，每个里亚结由8股18cm长的亮红色中粗精纺线构成，每个里亚结与每级台阶一一对应。稍后这些里亚结将会颠倒方向，流苏会显得更短、更密。如果希望加快这部分的编织速度，可以剪取一段142cm长的纱线，然后将其对折3次，直接添加里亚结。在绑系好所有里亚结后，修剪线尾（图12）。

13 为了营造出更加密实的流苏效果，再添加1层里亚结，但需与第1层里亚结交错排列，因此2层里亚结不要绑系在同一根经纱上（图13）。如果里亚结没有交错排列，则2行间会出现一些空隙，产生割裂感。

14 利用砖红色中粗精纺线，以斜缝编织法（第50页）填充空白区域至里亚结顶点处（图14）。

15 另一侧重复编织，然后跨过顶点整行编织，将砖红色块衔接起来（图15）。

16 利用砖红色线编织8行往返纬纱行，然后参照阶梯图案，两侧各减编2根经纱，斜缝编织相同图案，两侧各向上编织8行往返纬纱行（图16）。

17 继续编织阶梯图案，直至在中心2根经纱上编织完成8行往返纬纱行（图17）。这时既可以选择调转织布机方向，也可以选择让织布机保持倒立状态，只要感觉操作方便即可。

10
11
12
13
14
15
16
17

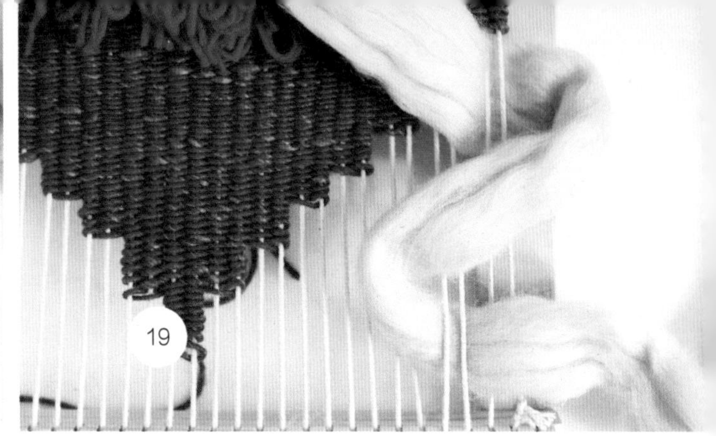

18 将羊毛粗纱的一端从第2根和第3根经纱间穿入（图18）。现在一道来体验一种新的苏迈克魔法。

19 利用羊毛粗纱的长尾端围绕4根经纱缠绕至经纱背后，然后再间隔2根经纱穿出（图19）。轻轻进行调整。此时不能像利用普通羊毛线进行编织时那样抵住经纱进行拉抻，因为两者间的摩擦力有可能会损坏羊毛粗纱。利用一只手轻轻挑起经纱，撑出梭道，让羊毛粗纱轻松穿过。虽然这样会比较花时间，但这样编织出来的效果更加顺滑。

20 继续缠绕4根经纱，然后从2根经纱背后穿出（图20）。

21 一边沿阶梯向下（或向上）编织，一边调整羊毛粗纱，轻轻将羊毛推近上一个色块（图21）。

22 围绕中心2根经纱缠绕羊毛粗纱，然后反向继续编织苏迈克针，直至回到起点（图22）。如果中途需要增加羊毛粗纱，只需另剪取一段，重新加在上一段结尾处继续编织即可。

23 另一侧重复编织，同样在中心2根经纱处缠绕后再反向编织（图23）。

24 现在能看出可爱的辫子图案了吧？多么美妙的纹理和层次啊！可以现在就将羊毛粗纱尾端藏缝在苏迈克针背后，并固定紧实，也可以等完成作品后，统一在织品背部处理线尾。

20
21
22
23
24

25 利用米白色中粗精纺线，斜缝编织出近似阶梯图案，将羊毛粗纱周边的空白区域填满。围绕羊毛粗纱填充空白区域要比围绕较细的线材进行填充需要更高技巧，因为由羊毛粗纱编织而成的纬纱行会时粗时细，因此只需专注于填满空白区域即可，无需计较究竟添加多少纬纱行。切记将各行纬纱行压紧，以固定各色块的位置。

利用珊瑚色线添加15个里亚结。每个里亚结由12股35.5cm长的纱线构成。

26 为了进一步加强层次感，再增加1层流苏，利用米白色中粗精纺棉线绑系一行更长的里亚结。每个里亚结由10股56cm长的纱线构成（图26）。

27 加编6行或8行平纹编织纬纱行，在里亚结底部巩固基底结构，然后小心地将挂毯从织布机上取下。可以按通常的方法将底部经纱轻轻退出，但需要剪断此前用于加固挂杆和顶框的3根绑线。

如果此时还没有将第1层亮红色里亚结修剪成蓬松浓密的线束，那么现在便先修剪这一层的线环，然后再清理挂毯背部的线尾（图27）。很明显，在大块区域利用木梭编织的好处之一就是织品背部留下的线尾不会像用织针编织的那样。

最后添加一个挂绳，欣赏一下新挂毯多么可爱吧！

现在，再想想是否还有其他方法可以将一些非传统的材料融入编织作品当中，是否有其他方式来利用织布机。另外，有没有人想要利用羊毛粗纱，以绍迈克针编织整幅挂毯呢？

25

26

27

随身手拿包

前面作品中用到所用规格的框架织布机也可以编织出非常实用的作品，而不仅仅局限于挂毯。这件作品是一款简单的折叠手拿包，在棉线经纱的基础上利用布条编织而成。由于布条很粗，再加上款式简单，制作这款手拿包仅用了不到 1 小时的时间。尽管我将其归类为较复杂的编织作品，但实际上这款手拿包非常适合初学者和中级编织爱好者制作。

一旦学会了如何设计这款折叠手拿包，便可以在此基础上创作出各式各样的款式，比如利用里亚结添加流苏，或钉缝毛球等个性化装饰品。最终，这款独一无二的手拿包一定会为你的衣柜添加更多欣喜。

成品尺寸

19cm × 29cm，
含 12.5cm 包盖

材料与工具

框架织布机，
38cm × 45.5cm

竹绿色双股中粗精纺棉线，用作经纱，18.3m

芥末黄色中粗布条，
19.2m

黑白混色中粗布条，8.2m

薄荷蓝色中粗布条，1.8m

分纱杆，30.5cm

木梭，20.5cm

缝针，6.5cm

木制编织梳或叉子

剪刀

1 利用竹绿色中粗精纺线在织布机上缠绕52道经纱。粗布条会令纬纱行占据更大面积，因而图案中的经纱行会被衬托得清晰可见。选择颜色协调的棉线经纱至关重要，因为它将与其他各色线材相互搭配，最终打造出令人赏心悦目的视觉效果。这款作品无需使用纸质占位板，因为经纱上的所有空隙都将被填满。

由于制作实用作品时我们希望线尾尽可能少，所以剪取的布条长度应远远大于编织挂毯时的长度，每根布条长度约为2.75m。

如果把那么长的布条都缠绕在木梭上，线轴体积会过大，很难穿越经纱。这里换一种办法，将布条在木梭上缠2圈，沿一个方向先下压再上挑，然后借助分纱杆从另一个方向撑起的梭道中快速穿越。

开始利用芥末黄色布条平纹编织（图1）。

2 当实在需要换线时，新旧布条的尾端需在8根经纱间保持交叠（图2）。

3 利用编织梳将新编织完成的纬纱行下压贴紧上一行，并固定牢固（图3）。

4 这样便可以形成无缝衔接，在被下一行纬纱行固定后，线尾便不会轻易松散（图4）。

5 利用芥末黄色布条继续编织，直至覆盖经纱约3/4处，共计42行纬纱行（图5）。织布机底部区域是手拿包的内袋，顶部则是折叠后的翻盖。

6 为了便于编织底部，你可以将织布机倒转方向，也可以按照手拿包翻盖的设计图案顺序编织。利用黑白混色线每编织2行纬纱行减编1根经纱，直至将经纱空缺区域填满或达到18行纬纱行（图6）。每编织1行便逐行调整松紧度，以免经纱收缩成沙漏状。

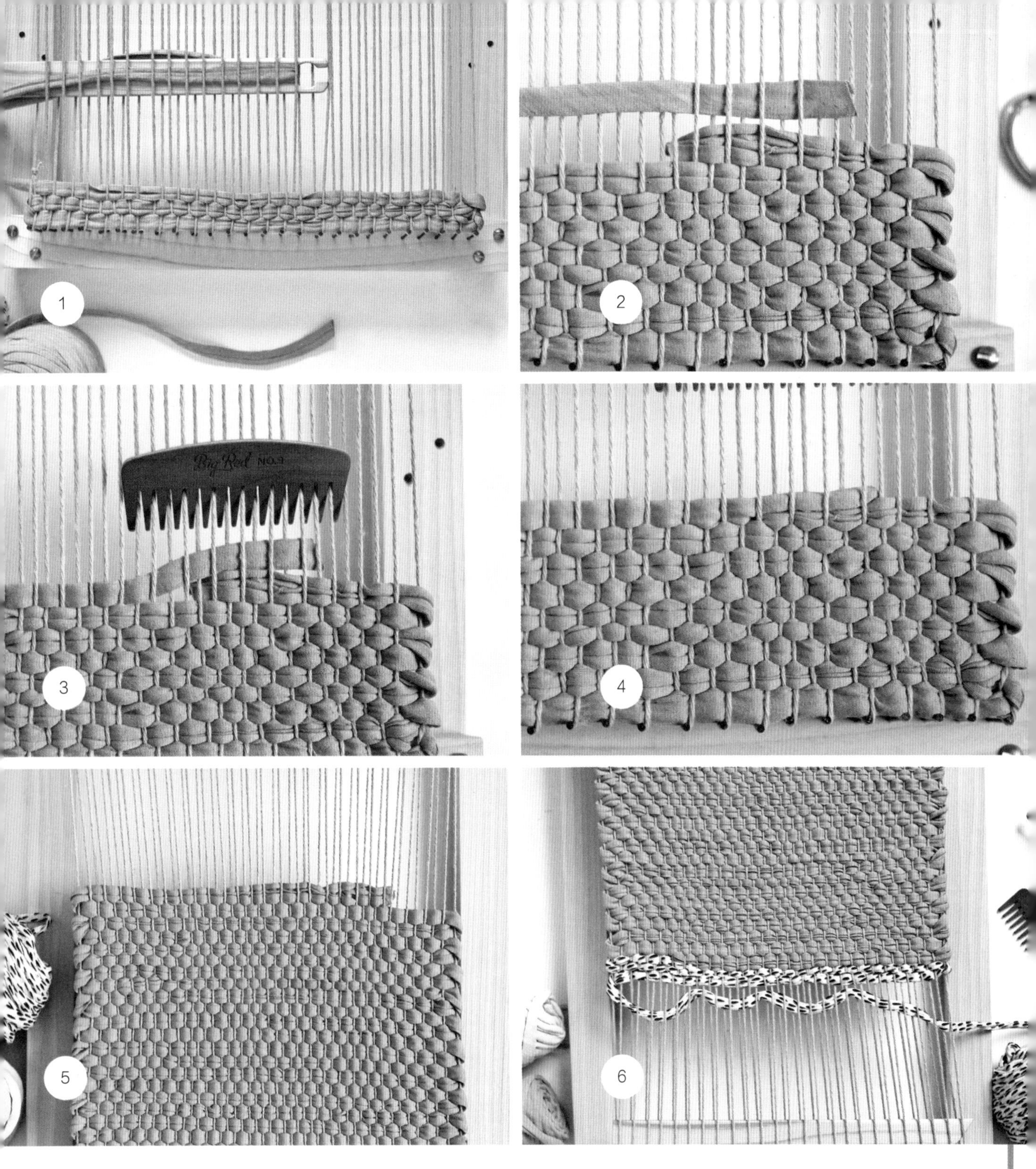
1
2
Big Red NO.9
3
4
5
6

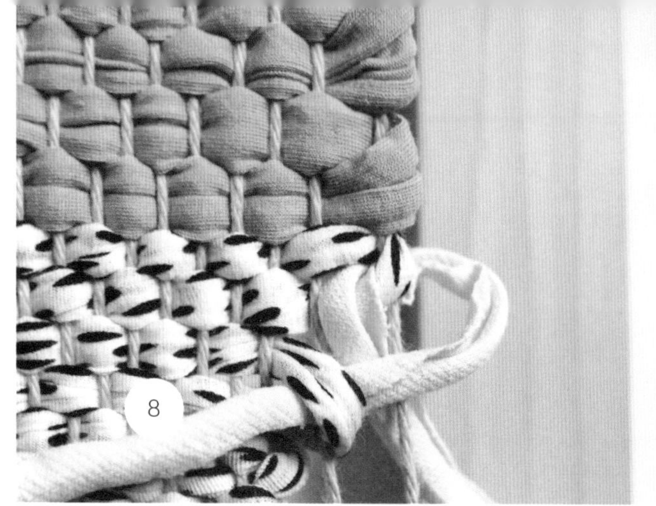

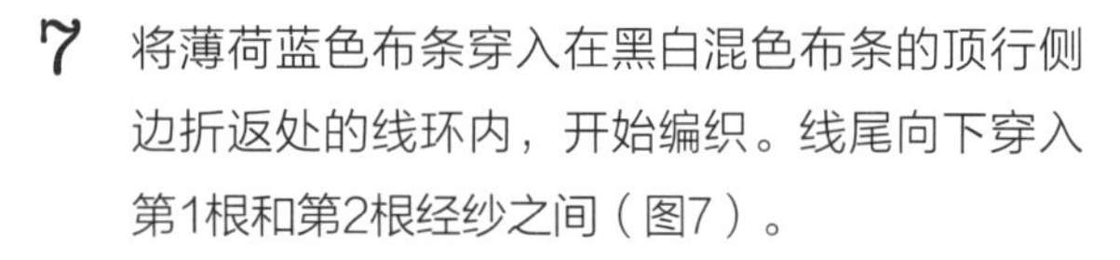

7 将薄荷蓝色布条穿入在黑白混色布条的顶行侧边折返处的线环内，开始编织。线尾向下穿入第1根和第2根经纱之间（图7）。

8 将薄荷蓝色布条较长一端绕过最外侧经纱，并从黑白混色线的下一个折返处的线环中穿入（图8）。现在开始采用斜向互联法编织（第86~88页）。理想状态下，无论朝哪个方向编织，为了使织品更加平整，最好能够始终沿线环前侧或后侧编织，但如果一时走神，编成了一前一后的2针，也没关系。

9 继续将薄荷蓝色布条穿至外侧经纱下方（图9）。

10 向上绕过外侧经纱，然后从第2根经纱下方穿过并与下一个折返处的黑白线环互联（图10）。这里可以看到，布条是从线环前侧，而非后侧穿入的。

11 继续按照常规方法上下穿梭编织，但需穿入每个折返处的黑白线环，不能仅从旁边穿过（图11）。这种斜向互联的方法可以有效避免实用织物上出现令人尴尬的缝隙，同时还可令织物更加牢固紧实。

12 翻盖部分需要编织至少12.5~15cm，直至达到满意的长度为止（图12）。

13 将织品从织布机上轻轻取下，经纱末端围绕最后一行纬纱行打结绑紧（图13）。

14 调转手拿包方向，将薄荷蓝与黑白混色布条的线尾全部进行藏缝（图14）。

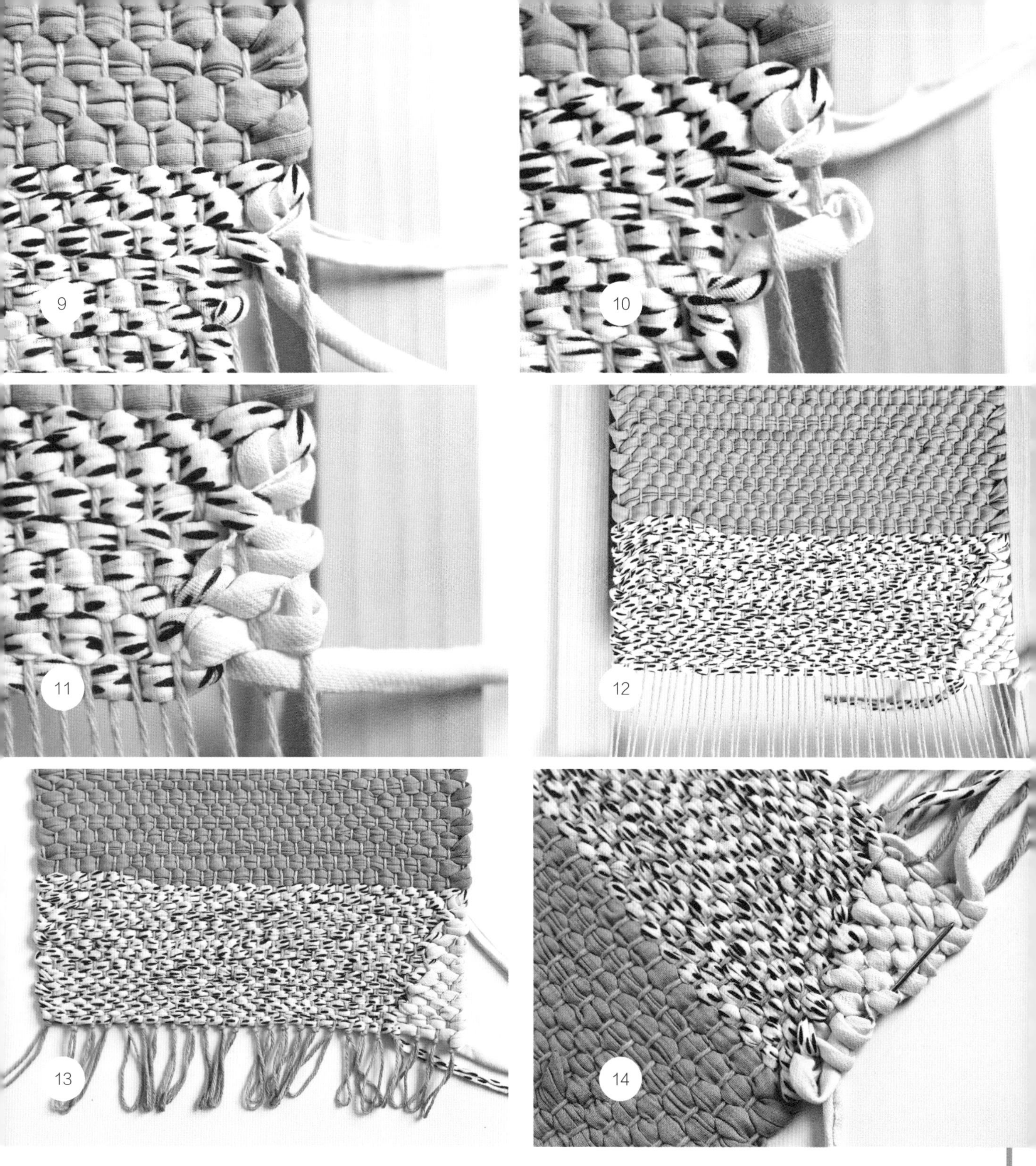
9
10
11
12
13
14

15 从图片上可以看出，仍有一些线头会裸露在外（图15）。这些线头并不影响使用，因为它们不会出现松散或打结的情况。

16 将手拿包折成三折，并对经纱线环形成的流苏进行修剪（图16）。也可以将经纱藏缝至织物底面，或在手拿包的设计中便将这一面作为内里层，而非外翻盖，因为这款手拿包的内袋与经纱线环的另一端是平齐的。

17 下面，需要利用与包身同色的布条将织边缝合起来，以达到无缝衔接的效果。开始时，先在缝针上穿入芥末黄色布条。将手拿包折好，缝针从正面底部的折返处线环下方穿入，即沿经纱内侧进行缝合（图17）。

18 绑系1个双环结并将手拿包平铺。在紧贴结扣下方的线环行穿入缝针，与最外侧经纱形成互联（图18）。

19 再次折好手拿包，对齐下一行的线圈位置，按照类似穿鞋带的方法继续前后穿缝。每编织数行便轻轻将线收紧调整，以确保手拿包的前后片对齐（图19）。

20 继续穿缝内袋顶边，并穿回手拿包底面的下一线圈行（图20）。

15
16
17
18
19
20

21 将线收紧并向下回穿，这样又开始反向朝手拿包底部穿缝（图21）。打1个结并修剪线尾。

22 这是手拿包边缘完成后的样子（图22）。另一侧按照相同方法重复操作。

23 在钉缝好两侧边后，手拿包的内部效果如图（图23）。可以看到布条的质感非常丰富，同时柔韧性极佳。

此外，还可以为包包添加由布条编织而成的手提带或背带。也可以在包盖前侧添加流苏或毛球装饰，令作品更具时尚感。如果换成更大号的自制织布机，便可以制作出质地柔软的托特包或邮差包。要不就大胆尝试利用较细的棉线和羊毛线，甚至绳索来打造全然不同的质地和美感。

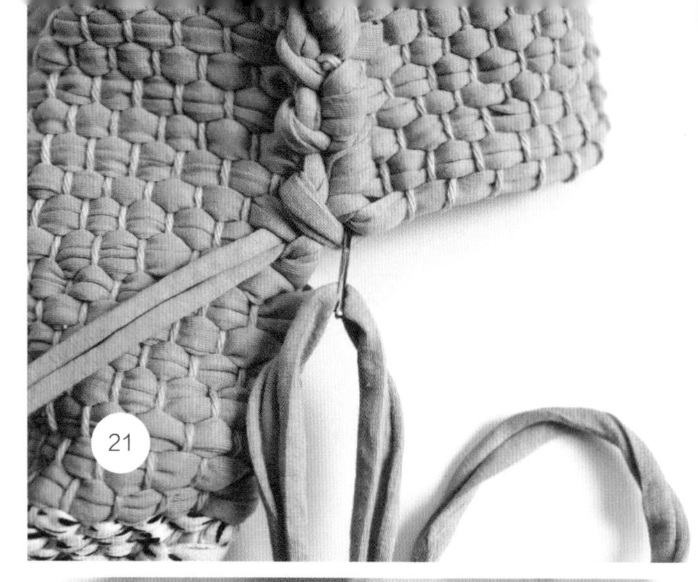
21

22

23

青黛梦桌旗

1.2m × 1.8m 的大号织布机最适合下面这件作品，一款搭配土耳其和纳瓦霍编织毯风格的传统边饰的平面几何图案桌旗。这款作品采用了一种基础图案不断重复的设计手法，只需利用几个下午或晚上的时光，一边编织，一边收听最喜爱的广播节目或收看真人秀便可完成。最终成品既可以作为放在家中展示的传家宝，也可以作为礼物送给那些深谙手作之美的朋友。

我选用了一款令人惊艳的手染靛蓝色中粗精纺线，这款线总令我不禁联想到一种能够制作出美丽染色图案的日本扎染技术。再搭配上天然羊毛线，整体风格有一种非常嬉皮和乡村的感觉。还可以想象利用强对比的黑白线来编织这款图案或类似图案，形成另外一种黑白配的风格。

成品尺寸

25.5cm × 162.5cm，包括流苏

材料与工具

框架织布机，1.2m × 1.8m

奶油色双股中粗精纺棉线，用作经纱，64m

靛蓝色双股中粗精纺羊毛线，36.6m

奶油色双股超粗羊毛线，64m

木梭，30.5cm

木梭，15cm

缝针，15cm

缝针，7.5cm

剪刀

1 利用奶油色中粗精纺线在织布机上缠绕经纱。先在顶框处打1个环圈结，然后围绕挂钉上下缠绕纱线，缠至从起点数的第18个挂钉，再打一个环圈结（图1）。轻拉经纱检查松紧度是否均匀一致。如果感觉经纱过松，在经纱间穿入一根1.3cm粗的挂杆，将其置于织布机底部，紧贴挂钉。如果仍觉得过于松弛，也可以逐一将经纱调整收紧。最后把多余的纱线剪断，重新打结固定。

2 在木梭上缠好靛蓝色边饰线。建议使用2个木梭，这样便可以从两侧同时向上编织，以确保针数和松紧度保持一致。从挂钉处向上预留10cm的宽度，然后利用靛蓝色线整行平纹编织10行纬纱行。

下面开始塑造半三角形图案，两侧每4行加编1根经纱。当编织至距离侧边8根经纱时，开始围绕经纱编织下一行纬纱行，然后重新回到侧边。这里便是下个半三角形的起点。每侧各编织4个半三角形（图2）。

3 现在开始利用奶油色线填补空白处。将奶油色超粗羊毛线穿入15cm长的织针。利用这款超粗羊毛线可每编织2行纬纱行便加编或减编1根经纱。利用斜缝编织法（第50页）填充空白区域，在2种色块间形成鲜明对比的边线（图3）。如果采用色块互联法会非常耗费时间，而这种半三角图案最终在色块间留下的缝隙非常微小。除非希望织品格外紧实，2种色块间的边线完全契合，否则不建议选用色块互联法。

4 继续围绕经纱分段向上编织（图4）。建议以4个半三角形图案为一段，逐段向上编织边饰和空白区域，这样才能保证织品的松紧度和图案均匀一致。

1
2
3
4

5 将第16个三角形编织成1个完整三角形，然后调转剩余半三角形的方向，使其与下半幅图案对称（图5）。

6 建议每编织一段便后退1.5cm左右观察一下，以便能够确保两侧的半三角形是否对齐（图6）。我的个人习惯是每反向编织2次半三角形便后退观察1次，再重新开始编织。

7 从中心起编织等量的半三角形图案，然后平纹编织10行纬纱行（图7）。小心地将顶端线环从挂钉上取下，每个线环各打1个结，将织品固定紧实。底部的经纱线环同样操作并将其修剪为流苏。也可以把流苏穿入织品背部，藏缝固定后形成清爽的直边，或者在织边上添加流苏或毛球装饰，令织品更具趣味性。

如果喜欢更加异想天开的设计，可以利用其他作品剩余的长段余线编织两侧的三角形。织品背部的线尾可以藏缝整齐，也可以保持凌乱的状态。

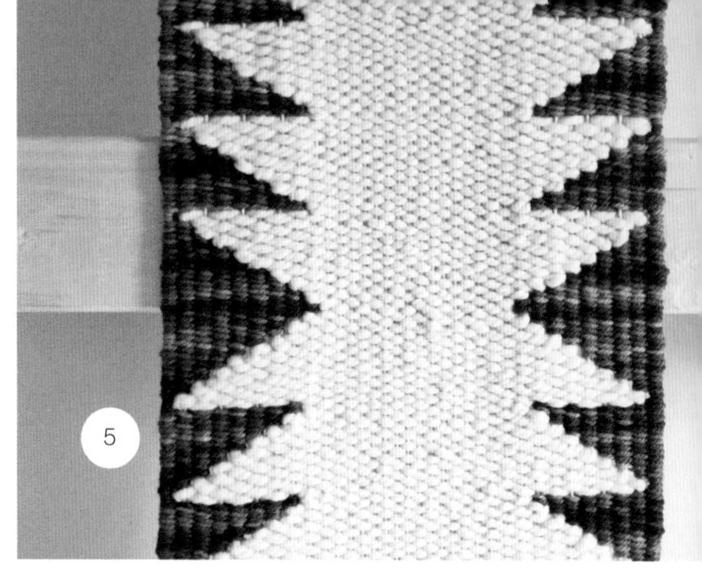
5

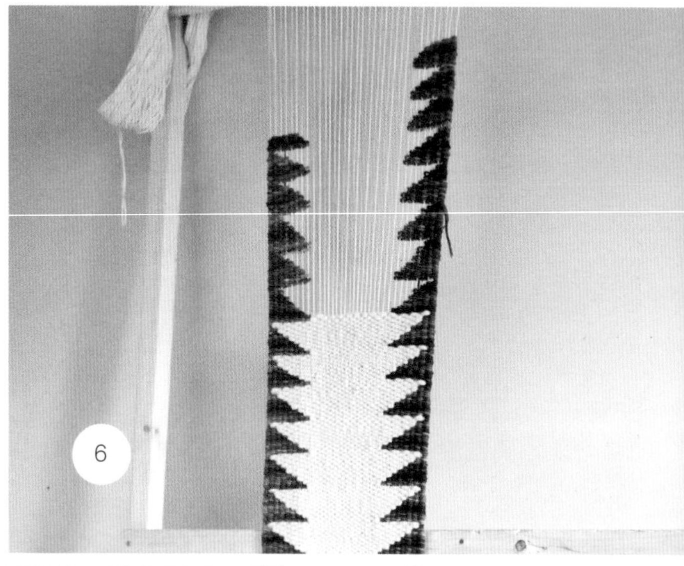
6

7

流苏枕套

舒适的沙发或床铺上漂亮的抱枕总是越多越好！有没有想过自己也能亲手编织这些抱枕呢？对于大号织布机而言，除了毯子，只有能够编织更多实用的物品才能赚回本来嘛！这款作品只不过是将平纹编织和超粗里亚结巧妙结合在一起，所以可以想象难度并不大。最终，一款款精美绝伦的抱枕会让人情不自禁地想要冲泡一杯咖啡，拾起一本好书，独自读过一段惬意的午后时光。下述材料可供编织 1 个抱枕，如计划编织 1 对抱枕，则需将材料翻倍。

成品尺寸

38cm × 38cm 抱枕

单个抱枕所需材料与工具

框架织布机，1.2m × 1.8m

灰色中粗精纺棉 / 驼毛混纺线，用作经纱，69.5m

驼色单股超粗羊毛线，13.7m

奶油色双股超粗羊毛线，64m

赭石色单股超粗羊毛线，7.3m

橙色双股中粗精纺羊毛线，5.5

奶油色双股中粗精纺棉线，3.7m

印花棉布，43cm × 43cm

本白棉布，43cm × 43cm

抱枕填充棉

木制挂杆，6mm × 61cm

分纱杆，30.5cm

木梭，30.5cm

织针，15cm

缝针，6.5cm

纸质占位板，5cm × 51cm

木制编织针或叉子

缝纫机

棉线

直头别针

剪刀

1 你知道吗，无需借助框架上的挂钉，直接环绕织布机的框架就可以进行编织。这也是最基础的织布机编织方法。由于作品所需的高度略小于1.2m × 1.8m织布机的顶框高度，因此可以直接围绕织布机顶框的中段缠绕经纱。利用灰色中粗精纺线，在底框挂钉上打一个环圈结，然后将经纱由前向后越过木框向下缠绕，再回到下个底框挂钉处，缠绕1圈后再向上缠绕顶框。继续照此方法围绕顶框缠绕经纱，直至经纱的整体宽度比抱枕所需宽度多出10cm，这样才能弥补编织过程中难免出现的收缩现象以及后期缝合时缝边损耗的宽度。

由于木框的厚度会在前后层经纱间产生较大的缝隙，编织时需在经纱间穿入挂杆（或1根码尺）（图1）。这样不仅有助于闭合缝隙，还可以打造出一个便于编织的平面。这种方法相当于围绕经纱平纹编织了4行或6行纬纱行的效果，从而将经纱固定在中间，形成一个平整的织面。如果打算使用没有挂钉的织布机进行编织，便可以在经纱一端或两端添加数行平纹编织行，以便将经纱梳理平整。

2 将纸质占位板穿入经纱底部，利用奶油色中粗精纺线添加约2.5cm平纹编织行（图2）。这样便形成了一段紧实的编织条，方便后期进行缝合。

3 利用驼色超粗羊毛线平纹编织2.5~5cm（图3）。

4 两侧分别编织阶梯图案，保留中心2根经纱不编织，然后每向上编织2行往返纬纱行减编2根经纱。照此方法持续编织至最外侧2根经纱，然后在另一侧重复编织（图4）。

5 利用赭石色超粗线剪取里亚结所需线段。如果希望制作出的流苏更具质感，可以选用同色系纹理更加丰富的线材进行编织。每个里亚结需要6股12.5cm长的线段，一行共计21个里亚结。围绕2根经纱缠绕纱线，然后按照编织阶梯图案的方法进行编织，但在最外侧2根经纱处不要加编经纱（图5）。稍后在此处进行缝合。

6 利用奶油色超粗线，以斜缝编织法（第50页）填补里亚结间的空白区域（图6）。由于这款线也是超粗线，因此会很容易与此前利用另一色超粗线编织的纬纱行对齐。继续平纹编织，直至与最顶端里亚结相距约5cm。

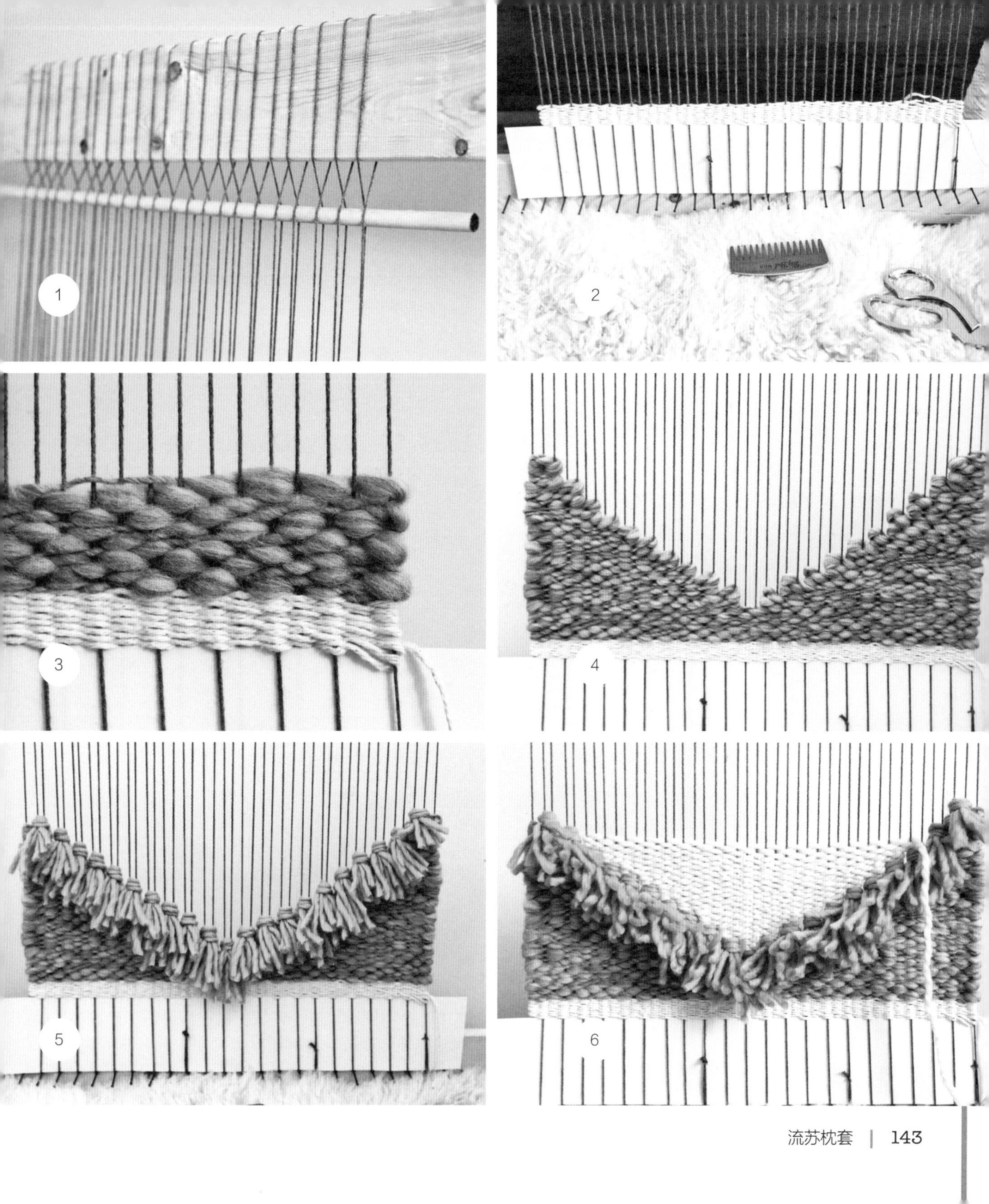
1
2
3
4
5
6

7 在中心2根经纱上绑系1个里亚结作为标记（图7），按照第1行里亚结下方阶梯图案的编织方法继续填补同样的阶梯图案：每向上编织2行往返纬纱行减编2根经纱，直至达到织边位置。另一侧按照相同方法重复操作。

8 绑系另一行里亚结，然后再次重复相同流程编织第3行里亚结。填补第3行里亚结之间的空白区域，再利用奶油色超粗线加编7.5cm平纹编织行。然后选用奶油色中粗精纺棉线平纹编织2.5cm，填满顶边空缺区域，同时加固顶部的编织结构，便于后期缝合。

小心剪断抱枕顶边的线环，保留足够的长度，紧贴最后一行编织行打结固定紧实。此处无需担忧线尾的修剪问题，因为最后这些线尾会被藏缝在抱枕内部。将抱枕底边从底框挂钉上轻轻取下，抽出占位板，将经纱打结（图8）。你现在编织完成了抱枕的表布。

9 拿出此前列出的缝纫材料（图9）。可以尝试手缝，但除非在缝纫超厚布料方面很有经验，否则缝合好的成品很难保证边缝整齐平顺。

10 将纯色布置于下方，印花布放在纯色布上，印花正面朝上。编织好的抱枕表布放在印花布上，正面朝下。3块布料呈三明治状叠放。用别针将抱枕表布和2层里布别好固定，防止缝合过程中布料出现错位（图10）。

11 沿抱枕四边小心缝合，注意与织边保持约6mm的距离（图11）。此外还需注意在沿织边缝合过程中，缝线应介于第1根和第2根经纱之间。在缝合起点和终点间保留12.5cm的返口，之后将从这里将枕套翻回正面。

12 取下别针，然后如图所示修剪4个拐角。保留编织表布的拐角不要修剪，以免编织好的套枕表布出现松散脱线的问题。沿织品四边修剪多余的布料（图12）。

7
8
9
10
11
12

13 小心地将枕套翻至正面，在纯色里布和印花里布间塞入填充棉（图13）。纯色里布可以有效防止填充棉从织品的编织缝中跑出。

14 在塞入了足够的填充棉后，小心地用别针将返口固定好，然后用缝纫机将返口缝合（图14）。此处缝合也可利用藏针缝针法进行手缝，达到看不出接缝的效果。

现在将自己亲手制作的新抱枕抛到床上，然后枕在上面小睡一会儿吧，这可是你应有的享受！

13

14

夏日宣言挂毯

如果希望制作一款拥有史诗般厚重感的作品，选这款就对了！这是一款既引人瞩目，又令人感到心神宁静的挂毯，特别适合悬挂在一整面墙上或壁炉上方。可以根据自己的审美偏好编织出独具特色的款式，也可以作为礼物送给朋友。这款抽象派设计将各种不同针法、技法和线材相结合，打造出迷人的动感和趣味，而这款作品最大的优点则在于，在编织过程中无需遵循太多规则，也无需严格计算针数。安心的编织吧！

成品尺寸

79cm × 101.5cm

材料与工具

框架织布机，1.2m × 1.8m

原色双股中粗精纺棉线，用作经纱、纬纱和流苏，45.7m

原色粗捻羊毛，2.3m

米白色双股中粗精纺羊毛线，36.6m

米白色双股中粗精纺涤纶线，55m

青色单股超粗羊毛线，12m

奶油色双股超粗涤纶线，55m

原色单股超粗羊毛线，27.4m

蜜桃色单纱双股中粗精纺羊毛线，91.4m

驼色单股超粗羊毛线，22.9m

粉色单股超粗羊毛线，4.6m

橡木色棉草，1.8m

深橄榄色单股中粗精纺驼毛 / 羊毛混纺线，4.6m

靛蓝色扎染细麻线，182.8m

黄铜方形管，2.5cm × 91.5cm

1cm 粗棉绳，2.75m

木制挂杆，6mm × 91.5cm

2 根码尺，用作分纱杆和占位板

木梭，30.5cm

织针，15cm

缝针，6.5cm

木制编织针或叉子

剪刀

1 编织极具史诗感挂毯的第一步是在织布机上缠绕经纱。这款织品需要使用自制的1.2m×1.8m织布机，但经纱需围绕织布机顶框中心区域进行缠绕。利用原色中粗精纺棉线缠绕88根经纱。穿入91.5cm的木制挂杆并将其推至织布机顶端，检查每根经纱的松紧度是否均匀分布。固定挂杆位置，以便将经纱并拢在一起。

接着，将码尺在经纱间反复下压、上挑，穿入整行经纱。这根码尺将起到分纱杆的作用，从一个方向大大提升编织速度。当需要撑起一条梭道，从一个方向推进木梭时，可将码尺推至下方，然后在你反向编织时，再将其向上推回，为下一行编织腾出空间。建议编织过程中再使用1根码尺作为占位板，放置在经纱底部。

2 利用经纱同款线材平纹编织6行。从经纱左侧开始，利用米白色涤纶线绑系1个里亚结，这个里亚结由25股51cm长的线段构成。小心调整结扣，使各股流苏平行理顺，避免相互交叠，令里亚结基本达到成品状态。由于所用纱线较多，此处需小心整理。

3 下面仍选用同款涤纶线绑系第2个里亚结，但这个里亚结由25股61cm长的线段构成。再添加5个同样的25股涤纶线里亚结，但每股纱线长度改为76cm。如果在制作完成最后一个里亚结前就用完了所有涤纶线，可借用米白或原色线继续制作。这条流苏旨在体现丰富的质感，因此部分里亚结可以改变厚度和材质。

制作一个约101.5cm长的指编索环（第152页），用于绑系下一个里亚结。在挂毯主体部分还需编织2个指编索环，因此也可以一次性编织完成。

快速制作里亚结

为制作里亚结快速剪取等长线段的方法是在适当尺寸的物体上缠绕纱线，例如压平的硬纸盒。在缠绕足够量的纱线后，沿线环一边剪断纱线，然后清点出绑系里亚结所需数量的线段。

1

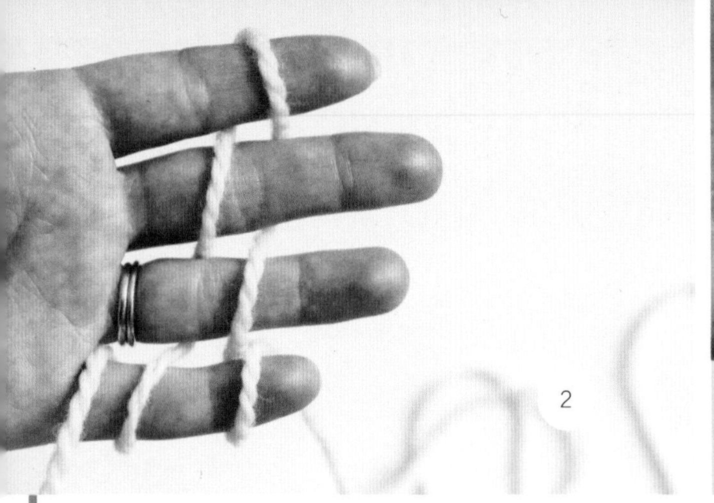
2

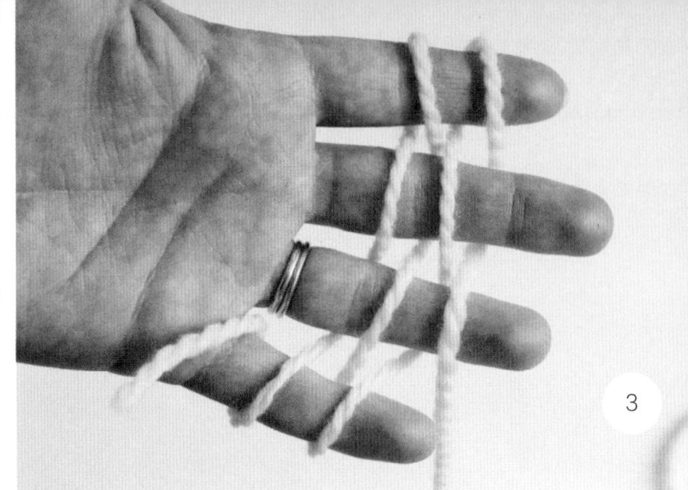
3

指编法

4 制作指编索环的方法是：将线尾置于无名指和小指间，围绕小指从后向上缠绕。从无名指下方穿过，越过中指，再从食指下方穿过，然后调转方向，逐一穿回至小指（图2）。

5 相同方法再次向食指方向编织，然后仍向反方向回编到小指，此时只能在无名指位置停住，因为小指长度已不足（图3）。

6 捏住小指上的第1行纬纱行，向上提拉至越过手指，将其置于手指后侧。下面将无名指的第1行纬纱行按照相同方法操作（图4）。

7 相同方法继续编织中指的第1行纬纱行（图5）。

8 最后，将食指的第1行纬纱行也按照相同方法处理。如图所示，这是操作完成后各根手指后侧的状态（图6）

9 拾取纱线较长一端，将其从后侧缠绕小指1周，从无名指下方穿过。继续照此方法向食指方向编织，然后反方向回编，直至小指长度不足为止。

4根手指逐一重复上述将底部纬纱行向上提拉，越过手指翻到手指后侧的步骤（图7）。

10 在重复上述步骤4次后，收紧线尾，直至线尾处形成结扣（图8）。这一步将帮助你看清线环如何开始形成索环。

11 继续添加新的一行纬纱行，然后将底部纬纱行翻到手指背后，直至线材用尽或达到理想长度。将另一端线尾穿过手指上剩余的4个线环，收紧成一个结扣（图9）。这项工作非常适合听广播或看电影时来做，因为一旦熟练把握节奏，这项工作几乎不需要经过大脑。最终，你将拥有一条可爱的、蓬松的索环，可以作为流苏或纬纱线材添加到挂毯中。

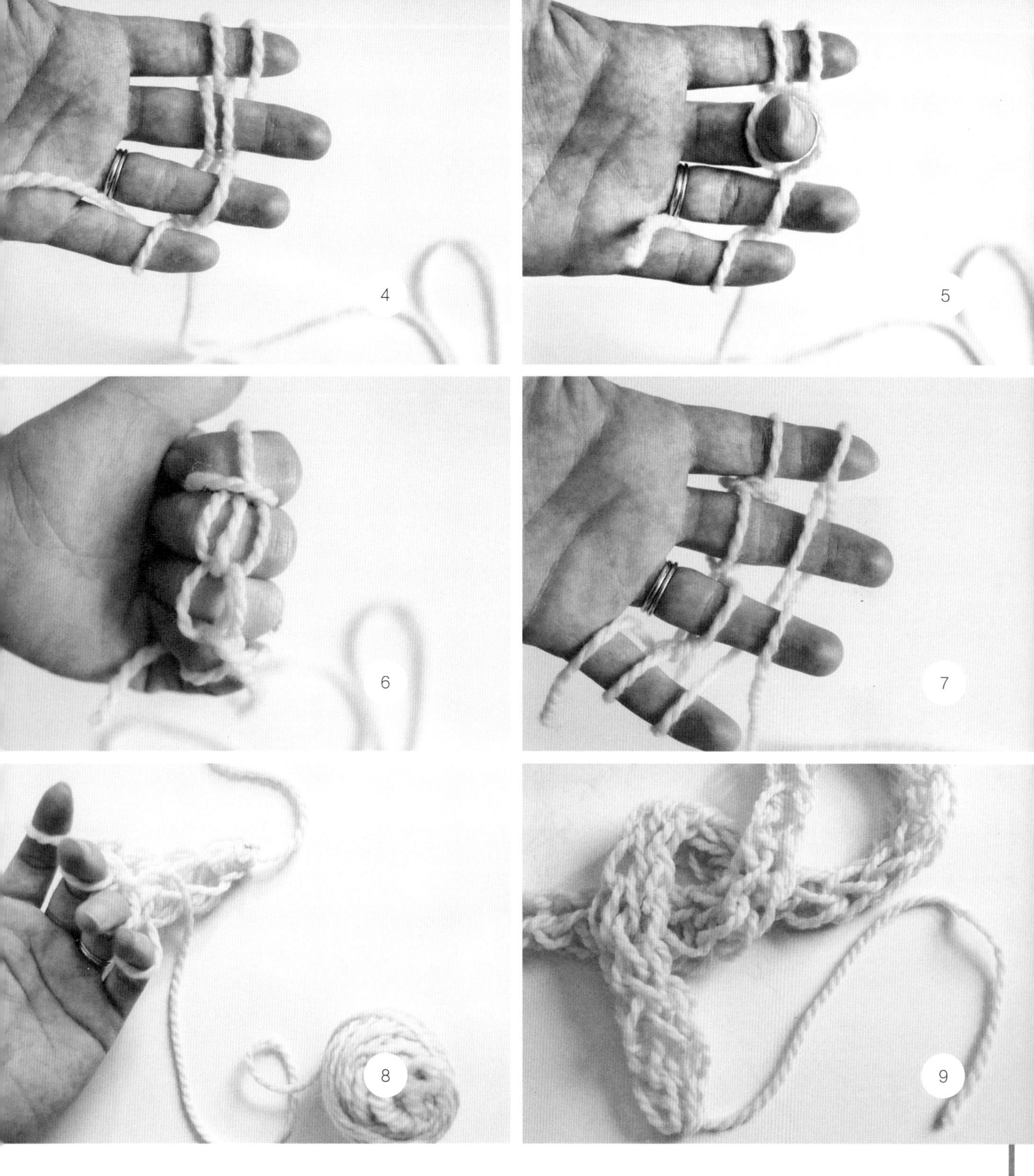
4
5
6
7
8
9

利用涤纶线再绑系23个里亚结，每个里亚结由25股76cm长的线段构成。也可以每隔几个里亚结便在其中添加1根单股超粗羊毛线，以提升质感和趣味。接着，选取奶油色超粗涤纶线再添加10个里亚结，每个里亚结由25股101.5cm长的线段构成。下个里亚结则由中粗精纺棉线和超粗涤纶线混合构成，仍然是25股，每股长度1m。添加最后2个里亚结，完全由中粗精纺棉线构成，每个里亚结含25股61cm长的纱线。这样我们便完成了整行里亚结。修剪最后一个里亚结，使其比相邻里亚结短5cm。

12 利用原色双股棉线在整行里亚结上方平纹编织2.5cm纬纱行，令织品结构显得更加紧密。然后用奶油色超粗涤纶线添加1行纬纱行，编织往返60根经纱的宽度。下面每编织1行纬纱行便减编1根经纱，直至编织完成13行纬纱行（图10）。30.5cm长的木梭是编织此类大幅作品的最佳利器，记得一定要用哦！

13 编织1条7.3m长的手编索环，从经纱右下侧起开始利用索环填补空白区域。向上编织至上一步色块的同一纬纱行，然后重复操作添加2行纬纱行，加编1根经纱，使其与上一步中的色块重叠。然后每编织2行纬纱行减编1根经纱，重复5次。这样便塑造出一个尖头形状，这是斜缝编织法（第50页）的典型用法。

14 紧贴指编索环区左上角顶部添加2个里亚结，每个里亚结包含9股青色超粗线，每股长度约为51cm。再利用靛蓝色细麻线加编3个里亚结，每个里亚结由60股61cm长的线段构成（图11）。

15 紧贴第1个色块上方，从左侧织边起约第10根经纱的位置编入1股粉色超粗羊毛线，开始填充本行纬纱行的空白区域。按照常规方法将线尾穿至织品后侧。接着，将1m长的蜜桃色线束编入，紧贴粉色线上方编织。如图所示，切记预留出33cm长的线尾，松弛地挂在织品前侧（图12）。这是在设计中塑造垂直图案的简单方法，近似于绑系里亚结。

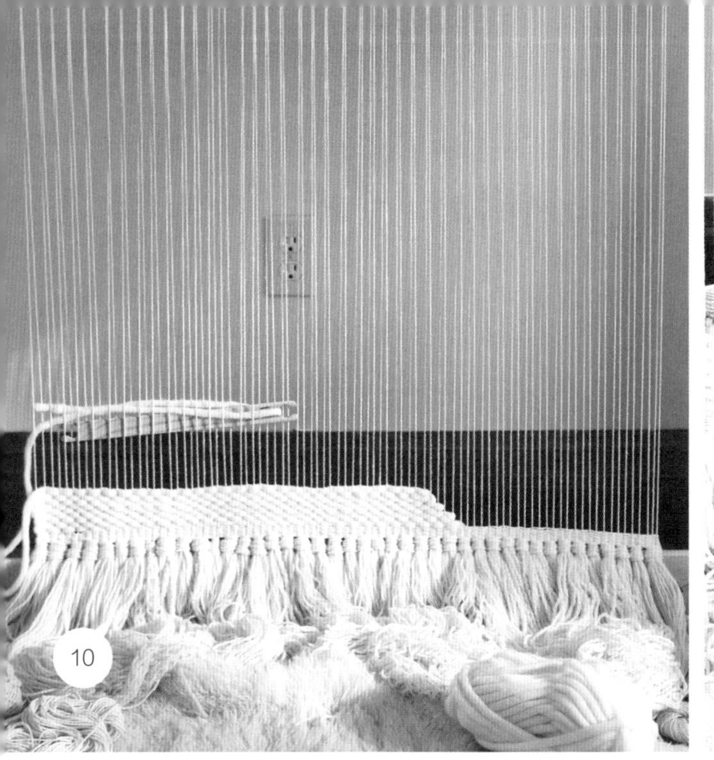
10

11

12

16 利用米白色中粗精纺羊毛线填补蜜桃色线束旁的空白区域，然后在上方进行平纹编织约2.5cm。继续填充空缺区域，从左侧织边向内数第6根经纱处加入粉色线，在第46根经纱处将线尾塞入经纱后侧。紧贴其上，编入另一束蜜桃色纱线，这束纱线同样由15股1m长的线段构成，线尾同样挂在织品前侧。继续利用米白色中粗精纺羊毛线填充线束周边和上方的空白区域。从左织边起第8根经纱处加入另一束粉色线，至第49根经纱处结束。添加最后一束蜜桃色纱线，方法与前2次完全相同（图13）。

17 利用米白色中粗精纺羊毛线另外编织4.6m手编索环。先填充蜜桃色线束周边的空白区域，然后编织数行纬纱行，将青色里亚结旁边的空白区域填满。在里亚结处减编7根经纱，再编织2行纬纱行，减编14根经纱，再编织2行纬纱行，然后逐步递减减编的经纱数，直至总计完成12行利用手编索环编织的纬纱行（图13）。通过这种方法，可以用很短的时间占据相当大的经纱区域，同时塑造出丰富的纹理效果。

18 利用驼色混染线在里亚结周边编织驼色色块（图13）。从两侧前后替换经纱，编织完成48行纬纱行的高度。紧贴其右侧，利用由5股蜜桃色中粗精纺线构成的线束编织4行纬纱行，填满空缺区域。添加4行粉色纬纱行，然后再用蜜桃色线束编织5行纬纱行。

19 在索环色块和驼色色块之间的空白区域填充深橄榄色中粗精纺线，高度约为32行纬纱行。紧贴其上方，利用原色中粗精纺棉线编织一个高度约34行纬纱行的色块。之后在其左上方，利用奶油色涤纶线手编索环编织一个16行纬纱行的阶梯形色块。紧贴其右侧，编织一个由12行米白色超粗涤纶线纬纱行构成的色块。再向右利用米白色中粗精纺羊毛线编织一个26行纬纱行的色块。

20 下面要为羊毛粗纱苏迈克针腾出地方啦！由于羊毛粗纱非常粗，从紧贴中心经纱右侧开始，围绕4根经纱缠绕1圈，然后回绕1根经纱，填满该纬纱行的左侧空缺区域（图14）。

21 调转方向，朝着起点处继续编织苏迈克针，形成可爱的人字纹或辫子形效果，但只需编织至距离起点8根经纱处即可（图15）。

22 再编织一层苏迈克针，以填充更多区域，同时使该色块的形状接近于其他色块的形状。线尾穿至织品背部（图16）。

13

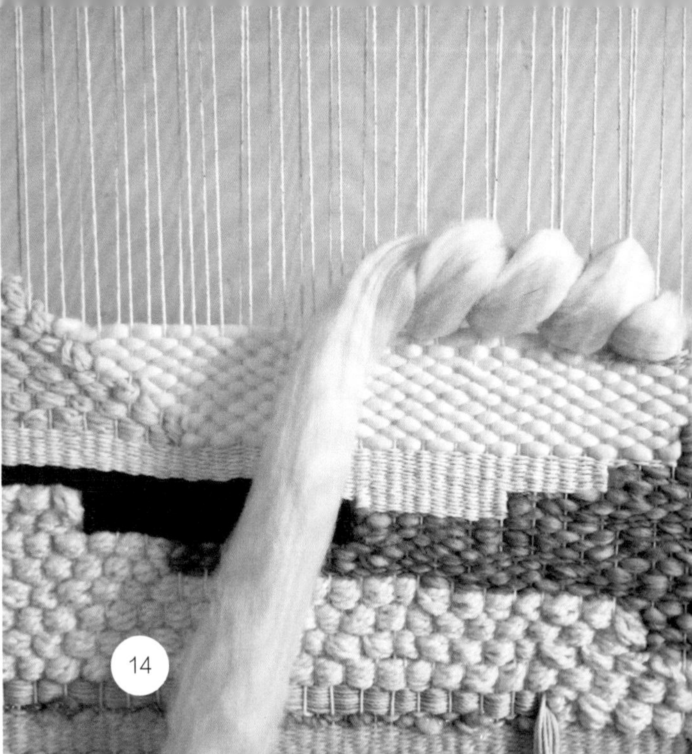
14

15

16

23 如果羊毛粗纱苏迈克针上方的经纱略显混乱，可以利用超粗涤纶线进行平纹编织，以调整经纱，同时加强织品的稳定性（图17）。在左侧用4股蜜桃色线束编织4行纬纱行。

24 转移至经纱右侧，利用奶油色超粗涤纶线加编3行纬纱行，然后再编入一大束米白色中粗精纺羊毛线。这束线由50股纱线构成，编织4行纬纱行，将羊毛粗纱右侧的空白区域填满。紧贴其上平纹编织4行橡树色棉草，然后利用超粗涤纶线沿经纱整行编织8行平纹编织行。

25 由于这款美丽的巨幅作品需要额外的支撑，先利用花边缝为挂毯收尾，然后再打1个结。将挂毯围绕铜管钉缝（图18），当然也可以选用其他同样结实且有趣的材料，例如：杨树枝、2.5cm粗的木制挂杆或亚克力杆。将底部里亚结修剪出有趣的形状，或者沿底边修齐。添加挂绳并找个地方展示这件大幅编织作品吧！

17

18

跳跃几何地毯

自己编织整张地毯听起来似乎有点野心勃勃，但如果我能做到，那么你也能做到。这款图案比我编织的第一款地毯略显复杂，但实际上只不过是加大号的星状图案，与第 78 页的午夜星辰挂毯非常相像。如果你希望编织过程中不涉及斜线编织，那么可以将这款图案简单调整，改为编织与第 34 页糖果挂毯近似的宽条纹。如果你实在感觉大幅地毯令人望而生畏，也可以将织布机的中心区用作顶框，编织一款浴室用的地垫。

布条是编织地毯的最佳材料，因为它颜色丰富，质地多样，结实耐用，而且足够粗，编织速度要远远快于选用中粗精纺羊毛线的速度。此外，布条的重量与垂感也恰到好处，即使在上面来回走动也不易变形。但在硬木地板或瓷砖地板上使用时，还需搭配地毯垫。

我所选用的布条多半来自服装厂的废旧衣料，我把它们剪成条状并缠成线球。多数布条为棉混纺材质，但丝带线则更接近于人造丝。丝带线源自意大利，原指丝带或带条，现在在欧洲已成为一种非常时尚的线材。在使用不同布条编织时，由于布条所含的纤维不同，弹力也不同，需要格外注意不要将纬纱行拉收得过紧，以确保织品从织布机上取下后仍能保持平整。

尽管这款地毯可以机洗，但还是建议采用局部漂洗的方法。使用吸尘器时的注意事项与普通地毯相同。

成品尺寸

91.5cm × 1.7m

材料与工具

框架织布机，1.2m × 1.8m

米白色 1cm 棉绳，用作经纱，351m

11 盎司橄榄绿色丝带线，128m

浅粉色中粗布条，128m

粉色中粗布条，128m

浅薄荷色中粗布条，128m

赭石色中粗布条，128m

白底黑点中粗布条，18.3m

木梭，30.5cm

缝针，6.5cm

木制编织梳或叉子

剪刀

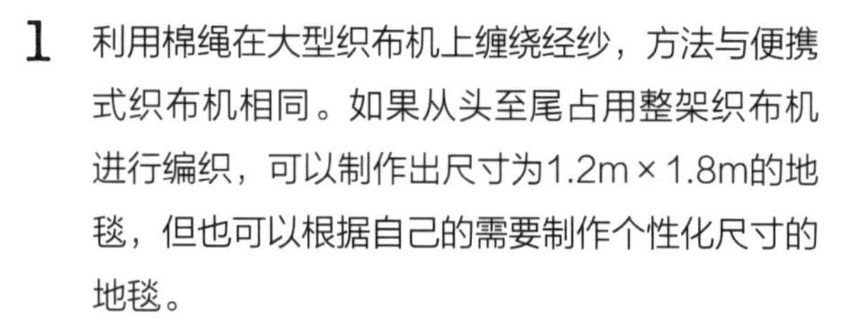

1 利用棉绳在大型织布机上缠绕经纱，方法与便携式织布机相同。如果从头至尾占用整架织布机进行编织，可以制作出尺寸为1.2m × 1.8m的地毯，但也可以根据自己的需要制作个性化尺寸的地毯。

利用橄榄绿色丝带线开始编织第1个色块。平纹编织4行，然后每4行两侧各减编2根经纱。这样便可塑造出与此前作品相同的阶梯图案，但需利用斜向互联法（第86~88页）来确保色块交界处的经纱不会拉抻变形。继续向上共计编织19级台阶（图1）。

在编织过程中，务必要不断将纬纱行下压成弧线、波浪线，然后再向下推压紧实，以避免拉扯经纱。

2 调转织布机，利用同款线材在另一端编织相同形状（图2）。

3 下个色块是前一色块的缩小版，紧贴前一色块上方编织。利用浅薄荷色线沿经纱整行编织4行纬纱行，然后每编织4行纬纱行两侧各减编2根经纱。当需要加线时，如图所示将线尾交叠，在继续编织本行的过程中利用编织梳将2段线尾合并压紧（图3）。该色块需共计编织12级台阶，即48行纬纱行。

4 再次调转织布机，重复编织相同形状（图4）。

5 利用赭石色线编织第1组形状的最后一个色块。紧贴浅薄荷色形状上方，整行编织4行纬纱行。每编织4行纬纱行减编2根经纱，共计完成5级台阶，然后每编织4行纬纱行加编2根经纱（图5）。继续编织至该色块与其上方的浅薄荷色块相交，两端各形成一个反向箭头形状。

6 接着，在空白区域填充浅粉色块。将浅粉色线穿入缝针。如图所示，浅粉色线从第3根经纱上的薄荷色线圈后侧穿过与之连接。将浅粉色线持续引出，直至保留一段10cm长的线尾（图6）。

7 越过第2根经纱，从第1根经纱下方穿出（图7）。

8 按照常规方法反向编织，同样从后侧穿入线圈进行连接（图8）。切记无论线圈角度如何，每次均需从后侧入针，这样才能塑造出连贯的图案，同时避免衔接缝过于粗大。

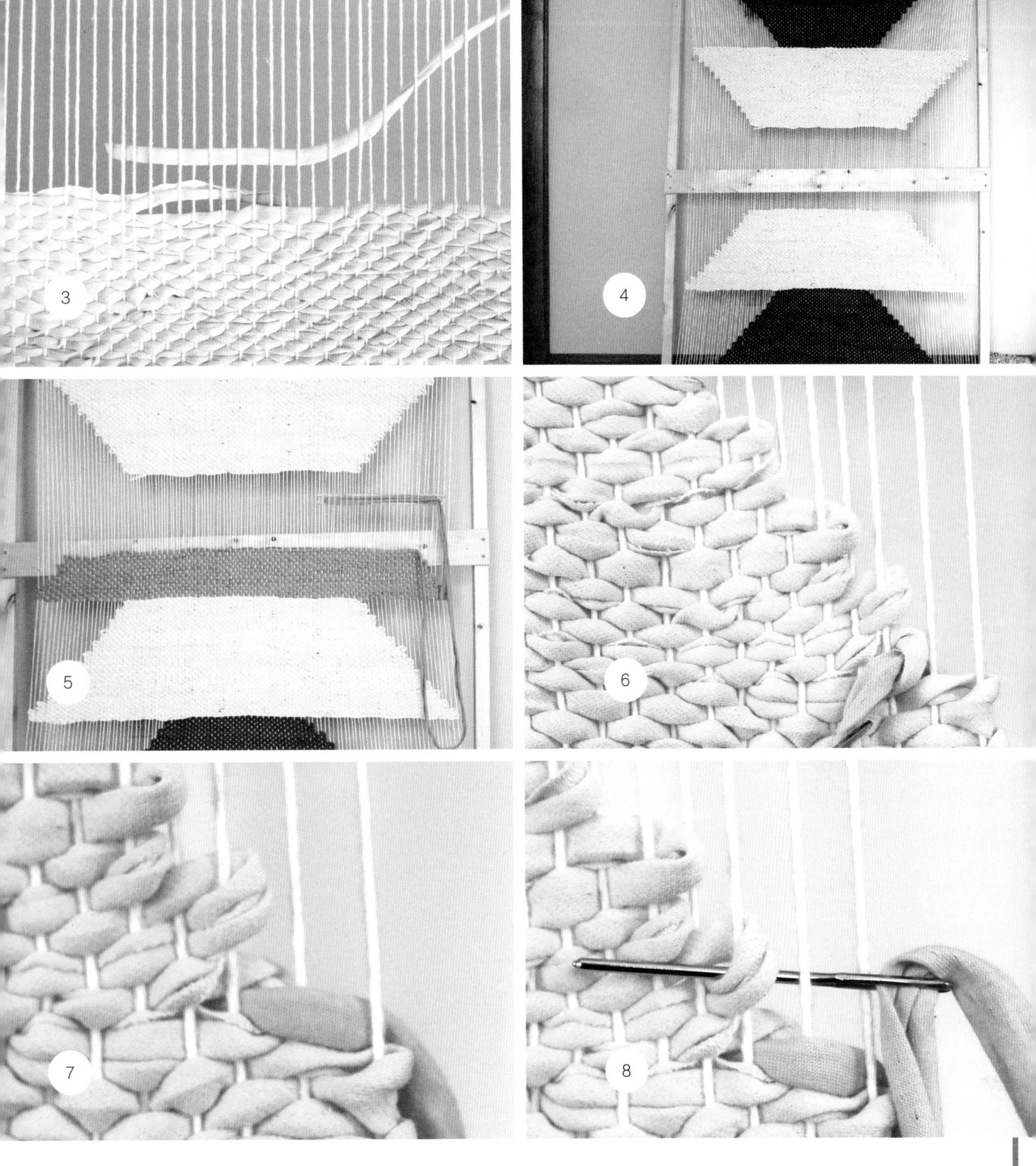
3
4
5
6
7
8

9 按照常规方法沿经纱反向编织，注意从侧边经纱下方穿出。在填充与浅薄荷色块相邻的空缺区域过程中，需逐行进行连接（图9）。

10 在编织完成该空白区域的最后1行纬纱行后，回针穿过5根经纱后侧固定线尾并将多余纱线剪断。这样会令织边更加整齐（图10）。

11 下面继续填充空白区域，直至完成整幅地毯。橄榄绿色块将与深粉色块连接成整行纬纱行；浅薄荷色块则与浅粉色块连接成整行纬纱行；位于地毯中心的赭石色块与黑白色块连接成整行纬纱行。无需按照特定顺序进行编织，只要它们填充紧密即可（图11）。

记得要时时提醒自己，编织过程中一定不能过紧得拉抻经纬纱。在编织如此大幅的作品时，最终成品难免在中心区域略微弯曲，不妨将这种瑕疵视为手工艺品特有的魅力。

12 此时织布机两端不应存在任何空隙，因而在挂钉上退出经纱线环时需格外小心。我习惯利用金属缝针来挑落经纱，以免磨损手指。从两侧逐渐向中心摘落经纱，这样可以防止经纬纱在同一方向上被过度拉抻。沿地毯各边藏缝线尾。

这样地毯就完成了。现在后退两步，为自己的杰作而尽情骄傲吧！

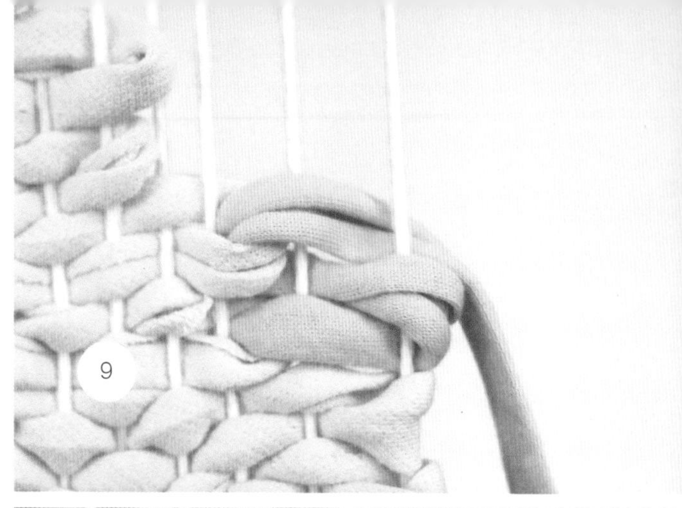
9

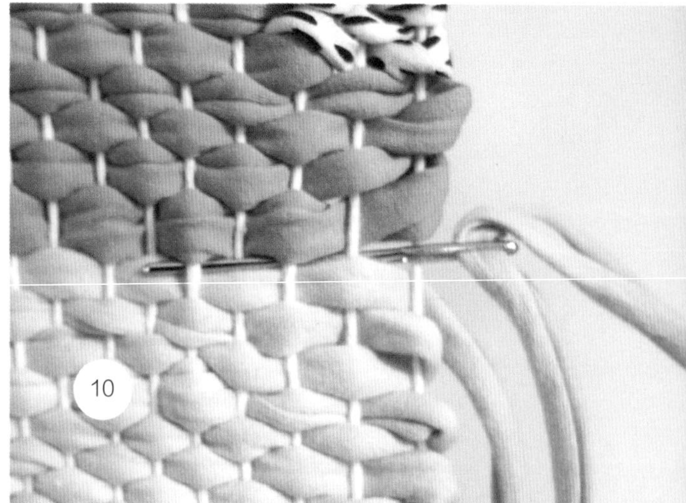
10

11

织布术语

压弧线：指先将纬纱沿经纱向上提拉，再向下拉引，使纬纱形成弧线的动作。这是将纬纱下压成波浪线的前一步，这种压线方法可以有效避免挂毯最终因经纱拉收过紧而形成沙漏状。

压波浪线：指分段向底部推压纬纱行，预留出充足的余地，避免向内拉收两端织边的动作。我们可以利用手指或工具来完成压波浪线的工作，之后再利用编织梳、叉子或手指将纬纱行整体向底部推压，使之紧贴上一行纬纱。

色块：指特定颜色的编织区域。色块可以跨越经纱的整幅宽度，也可以仅占图案的一小部分。

减编：指在编织下一行纬纱行的过程中少编织若干经纱的操作方法。

框架织布机：由四边组合而成的牢固框架，用于支撑经纱和纬纱。

加编：指在编织下一行纬纱行的过程中多编织若干经纱的操作方法。

环圈编织法：指在经纱间，环绕圆形物体缠绕纬纱线，形成环圈的编织方法。这种编织方法可以为织品营造出强烈的立体效果。

里亚结：将多股纱线构成的线束围绕2根经纱缠绕，引至经纱后侧并从上方穿回，形成流苏或流苏。

织边：指织品两端最外侧经纱线。

经纱：指为编织品打下基础架构的纱线。经纱围绕挂钉或框架垂直缠绕。

纬纱：指在经纱间穿梭，编织出个性图案的纱线。

针法说明

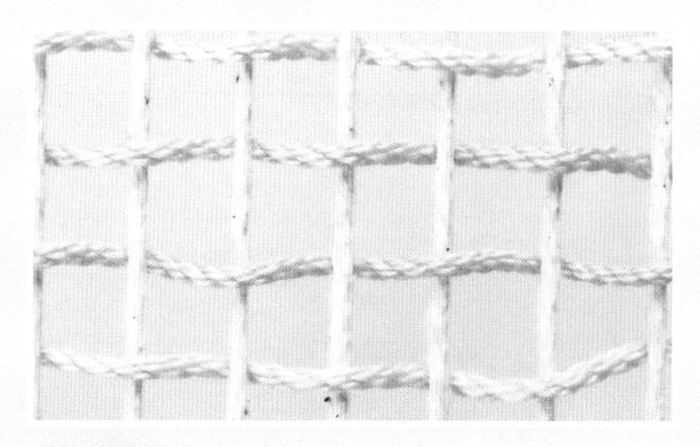

平纹编织

指纬纱沿经纱间不断下压再上挑，持续穿梭编织的方法。这是制作织品、地毯和挂毯最基础的编织方法之一，其优点在于结实紧固、经久耐用。

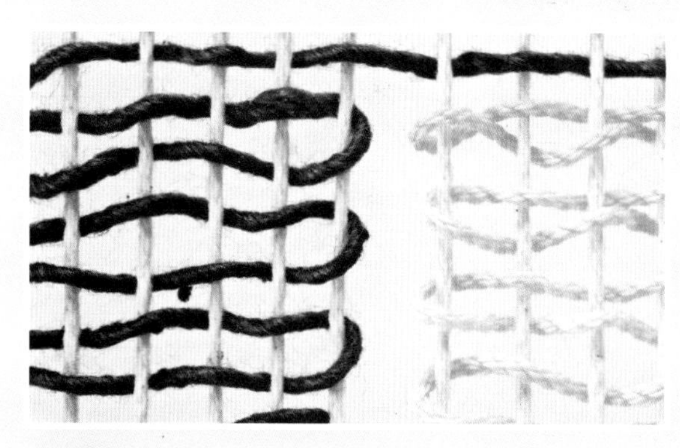

直缝编织法

指在色块间形成鲜明的垂直对比线的编织技法。由于会令织品的结构发生改变，这种方法多用于编织紧密的小块区域。基里姆地毯、提花毯和挂毯中均会使用该技法。

斜缝编织法

同样可在色块间形成鲜明对比线的编织技法，但所形成的对比线是倾斜的，也正因为如此相反方向的纬纱行之间存在充足的交叠区域，使得缝隙并不明显，织品的结构也不会遭到破坏。基里姆地毯、提花毯和挂毯中均会使用该技法。

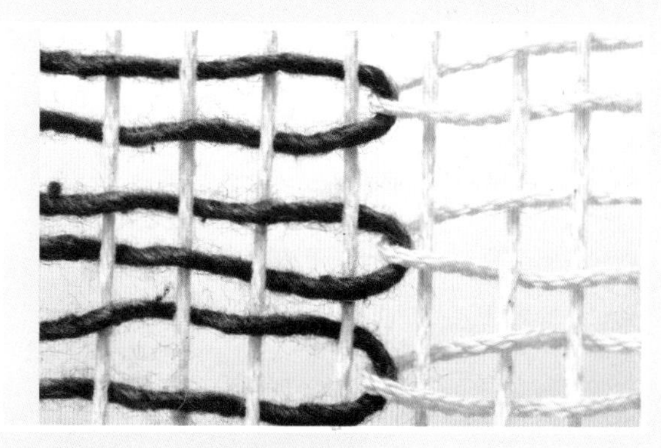

直线互联法（共用纬纱行）

通过在 2 根经纱间连接纬纱行使 2 种色块相互衔接的编织技法。这种方法可保留织品结构的完整性，但图案中会形成微小的棱纹且色块间的对比不够鲜明。这种技法多用于编织实用织品。

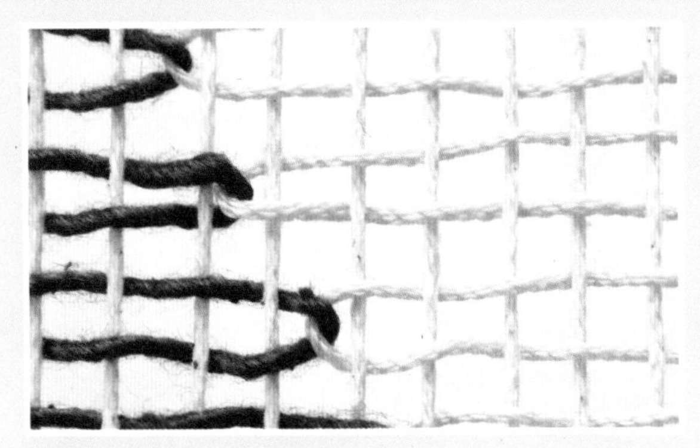

斜向互联法（共用纬纱行）

这种技法同样是在 2 根经纱间衔接纬纱行，但衔接线呈倾斜状。这种技法多用于编织实用织品。

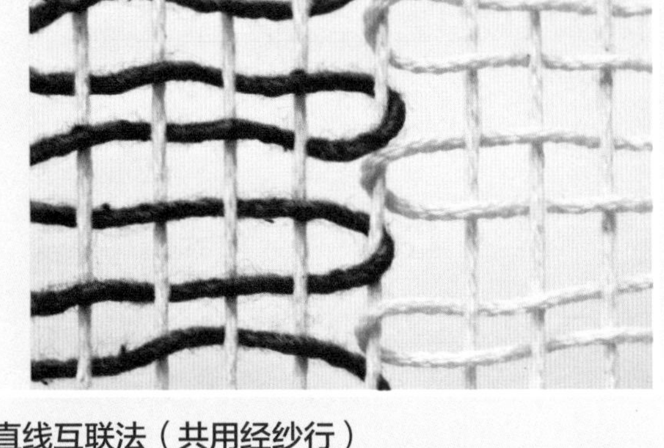

直线互联法（共用经纱行）

通过围绕同一根经纱进行编织，这种技法同样可以保留织品结构的完整性，但会令衔接线略显粗大。编织紧密时，这样直线互联法可塑造出楔形图案。这种技法多用于编织较细的纱线或编织实用织品。

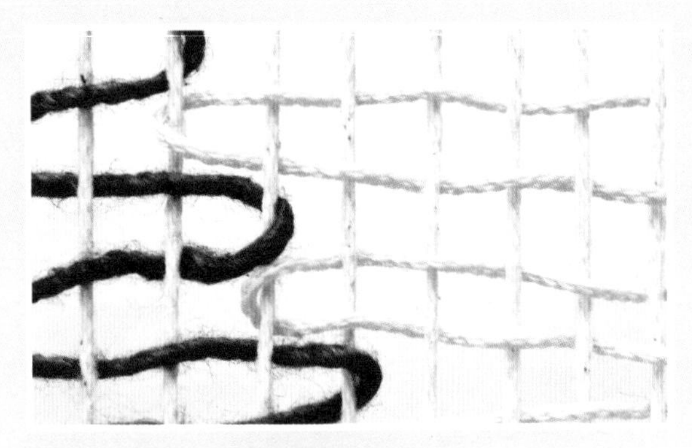

斜向互联法（共用经纱行）

这是另一种可保持织品结构完整性的编织技法，但色块间的强烈对比会被大大削弱。斜向互联法（共用经纱行）与直线互联法（共用经纱行）的相似之处在于编织线迹紧密的织品时可塑造出楔形图案。这种技法多用于编织较细的纱线或编织实用织品。

苏迈克针法

这种针法是指利用纬纱线围绕经纱缠绕出线圈。最基础的苏迈克针法是指越过 2 根经纱上方，沿同一方向缠绕，然后从 1 根经纱下方反向缠绕，之后不断重复操作即可。苏迈克针法的演化版则包括：线束先向前缠绕数根经纱，之后再向后缠绕数根经纱，例如先向前缠绕 4 根经纱，再向后缠绕 2 根经纱。沿反方向编织的双行苏迈克针可塑造出人字纹或麻花状图案（图中未展示）。如图所示，最上面的范例为基础苏迈克针，中间的范例则为演化版，每一针缠绕了多根经纱，最下面的范例则为利用粗捻羊毛编织的基础苏迈克针。

作者简介

瑞秋·邓宝是一位自学成才的编织匠人，每日创作不辍。10年来，瑞秋不断通过自己的博客Smile and Wave（*smileandwavediy.com*）与大家分享在编织、装饰、制作、撰写艺术期刊和激发创意方面的经验。与此同时，瑞秋还担任知名博客网站A Beautiful Mess的专栏作家。在过去7年中，她先后发布了大量创意类在线课程。瑞秋始终喜爱体验各类新技法，同时也鼓励大众留出更多时间，创作更多美物。

鸣谢

首先，我要感谢家人在我的创作历程中给予的支持与鼓励。奶奶，感谢您在儿时的圣诞节送给我一架串珠编织机套装玩具。姥姥，感谢您允许我“洗劫”您珍藏多年的经典布料。爸爸，感谢您将手工之家介绍给我。乔，感谢你允许我将你打扮成芭蕾舞者，然后我们一同表演芭蕾舞胡桃夹子。妈妈，感谢您将包含创意与灵感的基因遗传给我，在这本书出版的时候，您是我第一个想要打电话分享喜讯的人。

同样感谢我的两位好朋友，艾西·拉尔森（Elsie Larson）和艾玛·查普曼（Emma Chapman），你们总是鼓励我拥有远大的梦想，同时还为我提供了投身心爱事业的平台——教授他人亲手制作各种手工作品。你们总是谈起我什么时候应该写本书，从不怀疑我是否应该写本书。你们对我的信心是我最为宝贵的礼物。还要感谢艾莉森·福克纳（Alison Faulkner），为我提供了教授编织课程的第一次机会，我们借此帮助他人感受到了创作的成就感。

感谢许许多多充满才华和创意的朋友们，你们不断发布自己的精彩作品，分享你们的才艺，正是你们的这种持续挑战，激励着我不断进步，包括：凯蒂·谢尔顿（Katie Shelton）、伊莉斯·克里普（Elise Cripe）、卢拜伦·布莱彻（Rubyellen Bratcher）、劳拉·古莫曼（Laura Gummerman）、艾什莉·坎贝尔（Ashley Campbell）、莎拉·罗兹（Sarah Rhodes）、曼迪·约翰逊（Mandi Johnson）和露蒂·科夫特（Ruthie Covert）。能够拥有你们这样的朋友，我感到非常幸运。

感谢那些才华横溢的女性编织爱好者们，你们基于个人良好的审美能力进行设计，同时还在不断拓展自己的创作领域，包括：玛丽安·穆迪（Maryanne Moodie）、珍妮尔·皮尔扎卡（Janelle Pietrzak）、梅根·施迈克（Meghan Shimek）、凯莉·内斯塔特（Kelly Neistat）、娜塔莉·米勒（Natalie Miller）、艾琳·巴雷特（Erin Barrett）、萨拉·纽波特（Sarah Neubert）等等。你们的作品给予了许多人灵感，也充分展现了你们的才华。相信在你们的支持下，一个充满正能量且不断扩大的社区一定会受到越来越多人的肯定与关注。

感谢手工社区的全体人员，在我进行创作的过程中，你们总是满足我的一切所需，并总是安慰我，拥有如此之多的手工工具是件很正常的事情。

感谢我的责任编辑帮助我呈现出本书的最佳版本，感谢我的代理人，在我第二次尝试出书的过程中投入了巨大的热情，感谢我的好朋友兼摄影师甄妮·哈迪（Janae Hardy），她不仅能力非凡，而且与她一道工作非常愉快。

感谢我可爱的孩子们，是你们让我知道自己到底有多强大。

最后，我要感谢我的丈夫布莱特，他总是给予我无尽的信任，并且为了支持我完成既定的工作，承担了家庭和孩子的诸多琐事。没有你的爱和支持，我绝不可能取得今天的成绩。

原文书名：DIY Woven Art
原作者名：Rachel Renbow

First published by Interweave, an imprint of F+W Media, Inc.,
10151 Carver Road,
Suite 200, Blue Ash, Cincinnati, Ohio 45242, USA
本书中文简体版经 F+W MEDIA 授权，由中国纺织出版社独家出版发行。

著作权合同登记号：图字：01-2017-2508

图书在版编目（CIP）数据

纤维艺术：美式挂毯编织设计·制作/（英）瑞秋·邓宝著；苏莹译. -- 北京：中国纺织出版社，2019.1

书名原文：Diy Woven Art: Inspiration and Instrution for Handmade Wall Hangings, Rugs, Pillows and More!

ISBN 978-7-5180-5371-1

Ⅰ. ①纤… Ⅱ. ①瑞… ②苏… Ⅲ. ①挂毯－编织－基本知识 Ⅳ. ① TS935.75

中国版本图书馆 CIP 数据核字（2018）第 205834 号

责任编辑：刘　茸　　　特约编辑：刘　婧
责任印制：储志伟　　　装帧设计：培捷文化

中国纺织出版社出版发行
地址：北京市朝阳区百子湾东里 A407 号楼　邮政编码：100124
销售电话：010—67004422　传真：010—87155801
http: //www.c-textilep.com
E-mail: faxing@c-textilep.com
中国纺织出版社天猫旗舰店
官方微博 http://weibo.com/2119887771
北京华联印刷有限公司印刷　各地新华书店经销
2019 年 1 月第 1 版第 1 次印刷
开本：710 × 1000　1/12　印张：14.25
字数：170 千字　定价：59.80 元

凡购本书，如有缺页、倒页、脱页，由本社图书营销中心调换